Unity
手机游戏开发

从搭建到发布上线
全流程实战

王杰◎编著

北京大学出版社
PEKING UNIVERSITY PRESS

内 容 提 要

本书将以一款开放世界类游戏的实践过程为主线，为读者呈现从零开始上线一款游戏的实践路线、游戏引擎 Unity 的开发模式，以及游戏开发的核心框架。

本书共分为 3 篇，第 1 篇是场景搭建篇，第 2 篇是脚本开发篇，第 3 篇是发布上线篇。第 1 篇包含第 1 章和第 2 章，主要介绍在 Unity 中如何创建一个游戏项目，如何搭建一款游戏的场景和界面。第 2 篇包含第 3 章到第 5 章，主要介绍一款游戏的核心模块，即游戏控制、角色动画和核心玩法，同时实践一款游戏《小猪奇奇》的完整开发流程。第 3 篇包含第 6 章到第 8 章，主要介绍游戏的移动端发布流程，同时对游戏进行测试与完善，最终把书中的游戏案例打造成一款符合上线标准的游戏。

通过对本书的学习，初学者也能成功上线一款自主研发的手机游戏。本书适合初学者、初中级程序员、游戏主程及游戏相关人员等阅读和学习。

图书在版编目(CIP)数据

Unity手机游戏开发：从搭建到发布上线全流程实战/王杰编著.—北京：北京大学出版社，2023.1

ISBN 978-7-301-33500-0

Ⅰ.①U… Ⅱ.①王… Ⅲ.①手机软件 – 游戏程序 – 程序设计 Ⅳ.①TP317.67

中国版本图书馆CIP数据核字（2022）第189645号

书　　　　名	Unity 手机游戏开发：从搭建到发布上线全流程实战
	Unity SHOUJI YOUXI KAIFA: CONG DAJIAN DAO FABU SHANGXIAN QUAN LIUCHENG SHIZHAN
著作责任者	王 杰 编著
责 任 编 辑	王继伟 孙金鑫
标 准 书 号	ISBN 978-7-301-33500-0
出 版 发 行	北京大学出版社
地　　　　址	北京市海淀区成府路 205 号　100871
网　　　　址	http://www.pup.cn　新浪微博：@ 北京大学出版社
电 子 信 箱	pup7@pup.cn
电　　　　话	邮购部 010-62752015　发行部 010-62750672　编辑部 010-62570390
印 刷 者	北京宏伟双华印刷有限公司
经 销 者	新华书店
	787 毫米 ×1092 毫米　16 开本　15.5 印张　511 千字
	2023 年 1 月第 1 版　2023 年 1 月第 1 次印刷
印　　　　数	1-4000 册
定　　　　价	98.00 元

笔者很喜欢技术，可以说是非常热爱技术，于是选择了对技术要求很高的游戏行业。从业以来，笔者边工作边学习，不断地在实践中积累经验和知识，提升能力。为了精进自身的核心技术，在工作之余，笔者常研究不同类型的手游项目，这着实让笔者受益匪浅。久而久之，笔者深切地体会到了各类游戏的精妙之处。同时，不同类型的游戏之间总是存在一种共同的规律，这个发现让笔者欣喜若狂。

在欣喜之余，笔者非常希望能够把各类游戏的精妙之处以及存在于它们之间的共同规律分享给同样热爱技术的朋友们，这是本书的由来之一。

在研究了几十款游戏的核心技术之后，笔者发现了另一个问题：在学习一款游戏的技术时，手边总是缺少一本关于游戏实践类的书籍——能够依据正确而具体的路线厘清一款游戏的脉络，从而深入地实践一款游戏。想拥有这类书籍的想法一直萦绕在笔者的心底，对于想要从零开始研究一款游戏的朋友们而言，他们对这类书籍的渴望一定和笔者一样迫切，这是本书的由来之二。

于是笔者萌生了编写本书的想法，研究了几十款游戏的实践经验，希望通过本书把它们归结为一个通用的实践规律，让大家少走弯路，在实践各类游戏的过程中不断成长。

手机游戏作为大众娱乐的重要途径，行业内聚集了大量的人才资源。使用 Unity 的开发者约占手游开发人群的 42%，这充分说明了游戏引擎 Unity 的成功。为了成为一名专业的 Unity 手游开发者，很多人会观看大量的教学视频，甚至盲目地报各种学习班，他们迫切地想通过各种方式加入手游开发者的队伍。笔者希望通过本书提供的正确的方法论帮助大家正确地学习手游开发知识，成为一名真正的手游开发者，切身地感受到手游开发的脉搏所在！

"前路荆棘漫漫，岁月静好如初"是笔者很喜欢的一句话，也是一名手游开发者应该一直保持的心态。从做 Vega Prime 军事仿真项目，到在蓝港游戏开发 Unity 手机游戏，再到任职乐视 VR（虚拟现实）的技术总监，笔者几乎接触了基于 Unity 开发的所有应用形态，比如 VR、AR（增强现实）、游戏，甚至是时下流行的元宇宙。

笔者是从2013年的第一份工作开始接触Unity的，到2017年，已经是乐视VR的技术负责人了。笔者用了短短的4年时间，完成了技术工作的一个大循环，身边的朋友们经常说笔者是"开挂"了。事实上，学习绝对不是一蹴而就的事情。在这4年的学习过程中，从一个零基础的"菜鸟"到一个大企业的技术总监，笔者学会了慢慢学习，也学会了实践学习。实践学习是本书采用并且推崇的学习方法，俗话说"熟能生巧"，只要多多实践，相信大家一定能不断地成长，也一定能掌握任何一门技术。

从工作开始，笔者便时常在北京各大高校讲授与Unity相关的课程，也在知乎分享了一些学习心得。在这段分享的时光里，笔者结识了许许多多热爱游戏的朋友，也遇到了很多对Unity开发感兴趣的人。有些朋友经常问笔者是否有一种能让零基础的初学者快速精通Unity的学习方法，还有些朋友觉得游戏开发是一件遥不可及的事情，精通Unity一定需要很多年的历练才行，这跟笔者对于手游开发的感受不同。笔者认为，任何技术都可以通过实践来快速习得，手游开发也不例外。

本书的出发点和解决的痛点

笔者希望通过讲解一个真实的游戏案例的实践过程，能够让读者制作出一款真正的手机游戏，而且是一款资深游戏开发者才能搞定的开放世界类手游，以此来打破大家对手游开发的畏难心理。大家熟悉的游戏《原神》就是一款开放世界类手游，可以想象一下，实践完本书的内容，你将成为一个独立的手游开发者，并且能完整地开发出一款类似《原神》的开放世界类手游，这岂不是一件大好事？

言归正传，游戏公司开发一款开放世界类手游通常需要有一个几十人的制作团队，而这种现象往往会给初学者，甚至中级开发者一个错误的引导，让他们觉得开放世界类手游的开发很难，甚至产生畏学心理。想成为一名资深的游戏开发者到底要经过多少道门槛？一个初学者什么时候才能成为一个主程（即主要的技术开发程序员）呢？

事实上，大多数程序员需要三到五年的实践学习才能成为一个主程，才有机会接触、开发、搭建一款游戏的核心框架，这导致很多程序员根本没有机会学习到一款游戏最重要的部分，即核心框架。没有机会承担游戏的核心框架的开发工作，又怎么可能成长为一名资深的手游开发者呢？

通常，一名程序员的职业生涯中大部分的时间都花费在打磨普通的功能模块上，而没有足够的时间去认真地打磨自身的硬核能力。举个例子，如果你刚开始做的是游戏的背包系统，那么在之后的若干款游戏的制作中，公司都会让你负责做背包系统，你的工作就是做更多的普通功能模块。当然，有一部分核心主程是公司重点培养的技术骨干，只有这部分主程才有机会不断地打磨自身的硬核能力，这也是大多数程序员喜欢称自己是"搬砖工"的主要原因。

上述困难正是本书要回答并解决的问题。如果读者朋友们能够认真地跟随本书一步一步地完成实践，那么你们也将和游戏公司里的核心主程，甚至技术总监一样，具备游戏开发的硬核能力！

说到这里，大家会觉得，原来这是写给初级程序员的一本书啊，实际上绝非如此。笔者希望每一个与手游制作相关的人员在看完本书之后都能有所收获，**所以本书以真实的商业化项目来做实践案例。只有真实的项目才能给初学者建立一个正确的手游开发观，才能给中级开发者指明一**

条深入学习硬核技术的途径，才能扩展资深游戏开发者的技术视野。

倘若你不是一名程序员，而是一名游戏建模人员，或是一名游戏策划人员，又或是一名游戏制作人，如果认真地阅读本书，你将走进一名游戏开发者的技术世界，体会真正的技术魅力。哪怕你只是一个纯粹的游戏爱好者，如果静下心来阅读本书，也将拥有一个全新的视角，去正确地看待游戏、游戏行业以及游戏人，并且能塑造一个崭新的游戏观。

▮▮▮ 本书主要结构和内容

本书共分为3篇，第1篇是场景搭建篇（包括第1章和第2章），第2篇是脚本开发篇（包括第3章到第5章），第3篇是发布上线篇（包括第6章到第8章）。

第1篇主要介绍在Unity中创建一个游戏项目，搭建一款游戏的场景和界面。其中，第1章是场景搭建，主要介绍一个Unity项目的创建过程，以及游戏场景的搭建过程，并且创建一个卡通风格的游戏场景，导入两个3D角色模型，它们分别是猫汤姆和老鼠杰瑞，最终实现一款简单版的小游戏《猫捉老鼠》。第2章是UI界面，主要介绍Unity的界面制作流程，并且实现游戏《猫捉老鼠》的两个主界面——登录界面和捕捉界面，最后还会实现一个UI框架，并使用该框架实现游戏的背包界面。

第2篇主要介绍一款游戏的核心模块，分别讲解了游戏控制、角色动画、核心玩法，同时实践一款游戏《小猪奇奇》的完整开发流程。其中，第3章是游戏控制，实现游戏《猫捉老鼠》的摄像机控制和角色移动控制，同时为游戏添加摇杆控制，让玩家能够自由地控制游戏中的主角；第4章是角色动画，为游戏《小猪奇奇》添加生趣盎然的角色动画，既实现了游戏主角的角色动画，又实现了敌人角色蜗牛的动画状态机和AI动画，让蜗牛可以自由地巡逻，并且能够追击游戏主角；第5章是核心玩法，主要实现游戏主角的核心功能，这里先为游戏主角实现一个角色状态机，让它可以捡起掉落的物品，又为它实现一个专业的移动控制功能，然后发布一个PC版的《小猪奇奇》游戏。

需要说明的是，本书自始至终只有一个游戏案例，即一款开放世界类游戏《小猪奇奇》。对于第1篇涉及的游戏《猫捉老鼠》，本书在第2篇中将其升级为游戏《小猪奇奇》，归根结底，两者是同一个游戏案例。为什么要介绍游戏的升级过程呢？这是因为游戏升级在游戏开发中是很常见的一个环节，由于程序或美术的需要而必须升级Unity版本的时候，大家必须知道如何升级Unity版本，以及如何正确地迁移游戏功能。

第3篇主要介绍游戏的移动端发布流程，同时对游戏进行测试与完善，最终把《小猪奇奇》打造成一款符合上线标准的游戏。其中，第6章是发布移动版，主要介绍游戏的移动端发布流程，并且把游戏部署到安卓手机上。第7章是测试与完善，包括两部分内容：第1部分是游戏功能的完善，经完善之后，《小猪奇奇》成了一款符合游戏上线标准的作品；第2部分是游戏资源的优化，介绍冗余资源的查找与清理，这会极大地缩减游戏安装包的大小，提升游戏的性能。第8章是游戏上线，介绍《小猪奇奇》上架小米应用商店的整个流程，上架应用商店标志着一款游戏即将上线，至此大功告成。

ıll 对读者的建议

1. 初学者

本书是零基础入门的极佳实践书籍，以一种梯度化的难易程度，实践一款简单却很高级的游戏。哪怕你是一名零基础的初学者，只要认真地实践本书的游戏案例，也一定能够成功地上线一款手机游戏。这不是一本传统的理论书籍，书中将只讲解一些C#语言和Unity的常用知识，主要梳理的是实践过程中涉及的知识点，以保证读者能够理解、学会并使用这些知识。本书是一款手游开发的全流程实践教程，这一点决定了本书将非常适合初学者。笔者对初学者学习本书的唯一要求是，慢慢实践，多多交流！

2. 初中级程序员

如果你是一位初中级程序员，正在参与开发一款游戏的功能模块，并且不想一直局限于游戏开发的某一个环节，那么跟着本书一起实践吧！相信有一定基础的你，一定可以通过认真地实践本书的内容来搭建起一款手机游戏的核心框架。此外，你将对自身当前的技术状态有一个非常清晰的认识。最重要的是，本书能明确地告诉你，一个主程在一款游戏的开发工作中应该负责实现哪些功能，以及这些功能是如何实现的。

3. 游戏主程

如果你是一个游戏主程，那么本书的最大魅力在于，实践本书的内容能检验你当前的硬核能力，让你可以查漏补缺，有针对性地学习缺乏的知识，补齐短板。另外，倘若你只是擅长开发某一种类型的游戏，那么一定要阅读本书，本书将极大地扩展你的技术视野，拓宽你的技术之路。

在工作中，你是否感觉到技术总监的技术视野很宽，甚至当公司需要设计一个多元化的游戏框架时，一个合格的技术总监也一定能随时随地设计一个，这是因为他们会积极主动地研究各种类型的游戏，不放过每一次实践新技术的机会。所以，大家一定要认真地阅读本书，一步一步地实践下去，通过对比不同类型的游戏技术，找到一把贯通技术之路的钥匙。

4. 游戏相关人员

如果你是美术人员、策划人员或制作人，本书将带你走进程序员的技术世界。无论对团队合作还是团队搭建，本书都是你与程序员沟通合作的桥梁。如果你是一名手游爱好者，本书的最大魅力在于，你将进入一个陌生而奇妙的游戏开发世界。

王 杰

温馨提示

本书附赠资源可用微信扫描右侧二维码，关注微信公众号，并输入 77 页资源下载码获取下载地址及密码。

资源下载

第1篇
场景搭建篇

- 第 1 章 场景搭建
- 第 2 章 C 界面

第 1 章

场景搭建

大部分人应该都看过《猫和老鼠》这部动画片。本章将制作一个小游戏《猫捉老鼠》，实现简单的功能：玩家控制猫自由地行走，抓捕逃跑的老鼠。

开始前，需要特别说明的事项如下。

（1）Unity 版本

本书使用的 Unity 有两个版本，第 1 个是旧版本 Unity 2018.4.2f1，第 2 个是新版本 Unity 2019.4 LTS。第 1 篇用旧版本实践，第 2 篇和第 3 篇用新版本实践。版本的升级将在第 2 篇进行介绍。

（2）案例使用

◆ 除第 1 章外，每章都有两个项目文件，它们分别是初始工程和最终工程。

◆ 初始工程是一个不包含本章实践的工程。在开始某章的实践时，读者要先打开初始工程，然后按照章节内容逐步完善初始工程。初始工程的项目文件名以数字 0 结尾。

◆ 最终工程是一个包含本章实践的完整工程。在完成某章的实践后，读者可以用最终工程来检验自己的实践成果，查看自己的工程是否和书中实现的最终工程一样。最终工程的项目文件名以数字 1 结尾。

◆ 每章有一个资源文件夹 Assets，里面存放了本章需要的资源，如图片、模型和脚本等。读者可以从资源文件夹 Assets 中找到实践需要的资源。

（3）案例更新

◆ 游戏案例在开源社区 gitee 共享，账户名为 MetaXR，并且会有一个相对稳定的长期维护。

◆ 读者可以随时同步最新的游戏案例。

1.1 创建工程

打开 Unity，创建一个新工程，并将其命名为 TomAJerry，如图 1-1 所示。

在创建面板的过程中，值得注意的有以下两点。

Location：工程目录。一定要选择英文路径，中文路径打开时会报错。

Template：工程模版。《猫捉老鼠》是 3D 游戏，所以选择 3D；如果创建的是 2D 游戏，就选择 2D。

设置完毕后，单击 Create project 按钮，等资源自动加载完成后，Unity 会自动打开。工程创建完成，如图 1-2 所示。

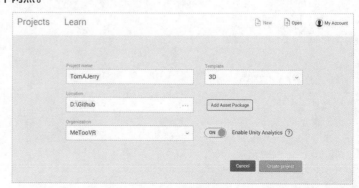

图 1-1　创建工程

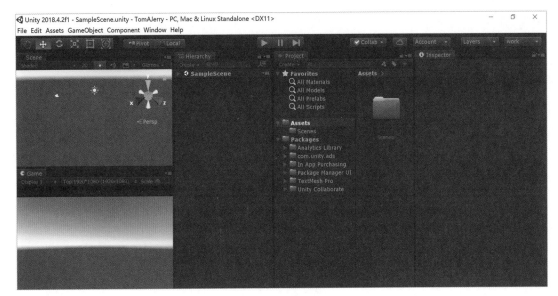

图1-2 工程创建完成

1.1.1 创建目录

由于工程是初次创建，所以除了默认文件和默认文件夹之外，其他的文件和文件夹都需要手动创建，这是资源管理的范畴。谈到资源管理，需要回答的第1个问题是：**Unity默认创建的文件是什么？**

在回答这个问题之前，我们先来调整Unity的界面布局。单击界面右上角的布局设置按钮，选择2 by 3选项，如图1-3所示。Unity界面中的各个面板会自动重新排列，整个Unity界面将切换成另一种布局。这里有一点需要提醒大家，为了确保实践的正确性，最好保持自己的界面布局和书中的一致。

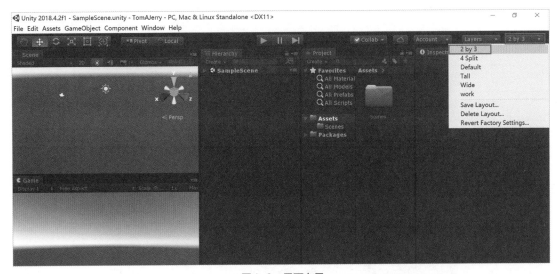

图1-3 界面布局

Unity界面中的资源面板Project中有文件夹Assets，是工程的根目录，里面存放了游戏的所有资源，比如脚本、模型、图片、音频和视频等；文件夹Packages是包文件夹，里面存放了所有的外部资源包，这些包是Unity官方为开发者准备的预设功能包，每一个包都封装了一个独立功能，方便开发者直接使用，避免重复开发，如图1-4所示。

图1-4 默认文件夹

本章的实践还用不上这些外部资源包，后续会详细讲解。

现在，只需要厘清文件夹 Assets 就好。

文件夹 Assets 中存放了与整个游戏相关的所有资源。一款游戏的资源，其种类不仅丰富多样，如脚本、模型、音频和视频等，而且相互之间还存在着依赖关系，比如一个完整的人物模型需要依赖人物贴图和骨骼动画。这两个特点使游戏资源的分类既要有清晰的划分，又要遵照一个固定的格式。

也不用过分担心，因为这些目录关系到 Unity 的核心特性——资源读取，所以 Unity 官方已经为开发者设计了一个合适的分类方案。

为了有一个清晰的划分，Unity 创建了几个默认的文件夹，它们的名称是固定的、不可更改的，被称为**默认文件夹（或默认目录）**。

假设开发一个计数工具，只需要点一下，它就能计算出文件夹 Assets 中图片的数量，这个计数脚本就必须放到文件夹 Editor 下才有效，否则不仅无效，而且会报错。因为 Unity 只从文件夹 Editor 中读取编辑器脚本。

倘若有一天，一位程序员心血来潮想把默认文件夹 Editor 重命名为 Edit，那该文件夹将无法被 Unity 读取、识别，它里面存放的编辑器脚本将失效，同时会导致系统报错。

为了满足开发者的需要，系统允许开发者自定义文件夹和其名称，这些文件夹被称为**自定义文件夹（或自定义目录）**。

表 1-1 所示是默认文件夹和自定义文件夹的描述信息，并列出了 5 个默认文件夹。

表 1-1　Unity 文件夹

Editor	默认文件夹，存储编辑器脚本
Plugins	默认文件夹，存储平台 SDK、自定义 SDK。例如，支付 SDK、分享 SDK、Android/iOS 打包 SDK
Resources	默认文件夹，固定资源文件夹，它里面的资源不可以热更新
StreamingAssets	默认文件夹，热更新资源文件夹，它里面的资源可以热更新
Scenes	默认文件夹，存储 Unity 场景文件，打包时方便引用
Scripts	自定义文件夹，存储脚本，如战斗脚本、UI 脚本等
其他	自定义文件夹，例如，文件夹 Fonts 存放字体、文件夹 Audio 存放音频

回到工程，可以看到 Assets 文件夹下的默认文件夹。

实际上，Unity 2018.4.2f1 版本对此做了一些调整，Unity 只自动创建文件夹 Scenes，其他文件夹未被创建，如图 1-5 所示。注意，这并不是 Unity 官方在偷懒，而是因为在开发实践中，有些默认文件夹确实用不到。

图 1-5　Assets 文件夹

另外，一个文件夹中没有文件，自然就会变成一个空文件夹。重要的是，一个空文件夹在团队协同开发平台上是不允许被上传的，其原因很简单：空文件夹会造成资源浪费。

针对团队协同开发平台，大家目前无须挂心，此处仅仅是为了说明为什么 Unity 没有自动创建其他默认文件夹。

在开发实践中，如果用到了某个默认文件夹，可以直接手动创建。这里以文件夹 Editor 为例，把鼠标指针放到 Project 面板中，单击鼠标右键，选择 Create>Folder 即可创建一个新文件夹，然后把这个新文件夹重命名为 Editor。

1.1.2　设置参数

为了方便后续开发，还需要提前为 Unity 设置 3 类参数，它们分别是通用参数、外部工具参数和工程设置参数。

1. 通用参数：Edit>Preferences>General 选项

图 1-6 所示是通用参数截图。

Auto Refresh：自动编译选项。勾选该选项后，每一次修改代码后切换回 Unity 时，被修改的代码会自动重新编译一次，以保证修改的及时性。反之则不编译。这里勾选该选项。

Load Previous Project on Startup：当启动 Unity 时，此选项用于设置是否自动打开上一次正在编辑的游戏。勾选该选项后，每次启动 Unity 都会自动打开上一次关闭时正在编辑的工程。这里不勾选该选项。

图 1-6　通用参数

Compress Assets on Import：自动压缩资源选项。勾选该选项后，当切换开发平台时，Unity 会自动把游戏资源进行重新压缩，比如把游戏发布平台从 PC 端切换到移动端后，所有系统自动压缩的游戏资源都会以新的压缩方式进行重新压缩。重新压缩的过程会花费很长的时间，在游戏的开发阶段不建议勾选该选项。在游戏的发布阶段，需要把开发平台从 PC 端切换到移动端时再勾选该选项即可。

2. 外部工具参数：Edit>Preferences>External Tools 选项

External Script Editor：外部脚本编辑器选项。该选项默认选择的是官方自主研发的 Mono Develop。但是只要提到编辑器，大家公认的还是微软的 Visual Studio（简称 VS），它不仅功能强大而且稳定通用。这里选择 Visual Studio 2017，如图 1-7 所示。涉及 VS 的安装也不麻烦。

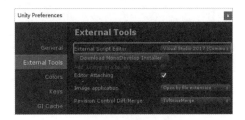

图 1-7　外部工具

笔者初学 Vega Prime 的时候，用了一个月才把软件安装成功，当时还专门写了一个帖子分享教程。以前确实有很多国外软件的安装让人头疼，不过现在好多了，尤其是 Visual Studio 的安装。一方面，Visual Studio Community 版本是完全绿色免费的，不需要破解；另一方面，Visual Studio 的安装过程纯粹是一个自动化线性过程，只需要根据提示单击"确认"按钮即可，本书不再赘述。

3. 工程设置参数：Edit>Project Setting 选项

工程设置参数中有很多选项，现阶段只需要掌握两个就够用了。

TimeManager：时间管理器。Fixed Timestep 设置为 0.02 秒，表示游戏的逻辑每隔 0.02 秒执行 1 次，该参数反映了逻辑执行速度的快慢，如图 1-8 所示。通常，该参数的默认值是 0.033 秒，表示游戏的逻辑每隔 0.033

秒执行1次。

Script Execution Order：脚本启动顺序，如图1-9所示。每一款游戏都有一个启动脚本，它负责启动游戏，是游戏的入口。

图1-8　TimeManager

很多时候，随着游戏功能的增多，开发者很容易在不同的脚本中设置入口点，使Unity不知道应该先启动哪一个脚本。发生这种情况时，开发者通常需要在Script Execution Order列表中给脚本排一个启动顺序，分清主次先后。

图1-9　Script Execution Order

1.1.3　Unity 的界面布局

对于一款软件的界面布局设计，往往需要考虑3个方面：第1个是界面布局要方便用户操作使用；第2个是面板分区要符合资源分类标准；第3个是符合大众审美。

Unity默认的界面布局如图1-10所示，实用而美观。为了让大家有清晰的印象，这里把Unity的界面分为4个面板，分别是结构面板、场景面板、工程面板、监视器面板。每个面板负责不同的功能。

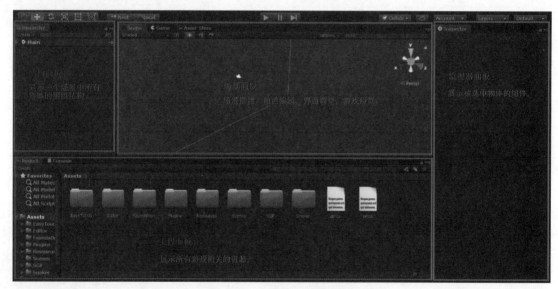

图1-10　Unity默认的界面布局

在Unity默认的界面布局的基础上，开发者通常会根据自己的开发习惯来调整布局。接下来，我们一起来实践Unity界面布局的调整过程。

值得一提的是，下面即将实现的几乎是所有使用Unity的程序员都在使用的一种界面布局，其在Unity使用群体中的使用率高达95%，大家可以果断地使用这个布局，并养成固定布局的好习惯。

1.界面布局的调整

在Unity的界面中，用户可以自由地拖曳每一个面板，熟悉面板后，请大家按照图1-11所示的布局来调整Unity的界面。

待调整完成后，单击界面右上角的Default按钮，如图1-12所示，弹出下拉列表，其中有5个预设布局和3

个选项。对于这5个预设布局，大家可以自由切换体验。

读者需要掌握下拉列表中的3个选项。

Save Layout：布局保存选项。在调整完布局之后，选择此选项可以把界面布局保存下来。图1-13所示是选择此选项后弹出的保存对话框，可以为保存的界面布局命名。

图1-12　预设布局

保存界面布局的好处是，就算不小心把调好的界面布局调乱，也可以通过选择布局列表中已保存的work布局进行恢复。

Delete Layout和Revert Factory Settings：这两个选项分别用于删除布局和恢复初始设置，其功能简单，此处不再赘述。

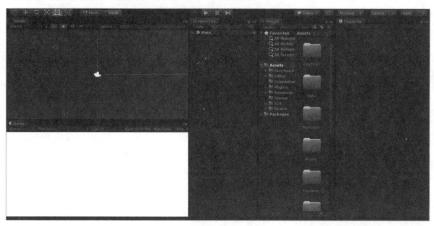

图1-11　work布局

图1-13　保存布局

2.设置分辨率

选中Game面板，单击Free Aspect，从弹出的下拉列表中选择分辨率1920×1080，如图1-14所示，作为游戏的标准分辨率。

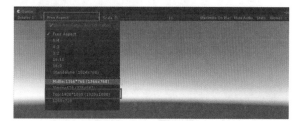

图1-14　设置分辨率

1.2 创建场景

玩《王者荣耀》时，不难发现一款游戏会包含不同的场景。点击游戏图标听到TiMi的同时，游戏的画面会从加载场景切换到登录场景，如图1-15和图1-16所示。

图1-15　加载场景

图1-16　登录场景

通常情况下，游戏会为玩家依次打开一组场景，比如登录场景→主场景→匹配页面→战斗场景。直到进入战斗场景，玩家才算真正进入了游戏。

实际上，大多数游戏都是由不同场景组成的，每个场景负责不同的功能模块。客观来看，近80%的游戏都包含3个场景，它们依次是登录场景、主场景和战斗场景。如果你是一个玩家，则大可不必在意这些场景，但要成为一名开发者，则必须了解一款游戏的基本构成——场景。

由于《猫捉老鼠》是一个教学案例，所以只需要创建一个场景就够用了。图1-17所示是一个场景的创建步骤，按图操作，并把场景命名为Game。

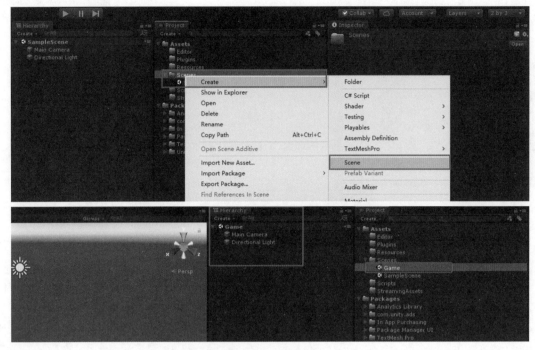

图1-17　创建场景

通常情况下，游戏中的一个场景代表了一个独立的功能。以登录场景为例，一个登录场景中往往有账号/密码输入框、登录按钮和服务器选择等组件，这些组件被组织在一起，实现了完整的登录功能。

默认情况下，新创建的场景会包含两个物体，分别是Main Camera和Directional Light，这两个物体是Unity为场景自动创建的主摄像机和方向光。

主摄像机是玩家的眼睛，玩家通过它才能看到游戏世界。方向光是游戏世界中的太阳光，它照亮了整个游戏世界。可是游戏世界是一个多姿多彩的世界，它里面有角色、有敌人，也有玩法，不能只有摄像机和方向光。所以游戏场景还要有许多其他物体，如模型、图片、脚本等。

接下来，我们就来创建它们。

1.2.1　创建物体

在一款游戏中，通常把物体分为两大类——场景和角色。在《猫捉老鼠》游戏中，需要一个游戏场景和两个游戏角色。游戏场景是一个3D虚拟环境，游戏角色分别指猫和老鼠，它们可以在游戏场景里自由地活动。猫是游戏世界里的主角，是玩家控制的对象；老鼠是游戏世界里的普通角色，是程序控制的对象。

下面来创建游戏的场景和角色吧。

1. 游戏场景：地面

新建一个地面，让游戏角色先有一个地盘，游戏角色猫和老鼠将在新建的地盘上疯狂地追逐。地面的创建过程如图1-18所示，并将其重命名为Floor。

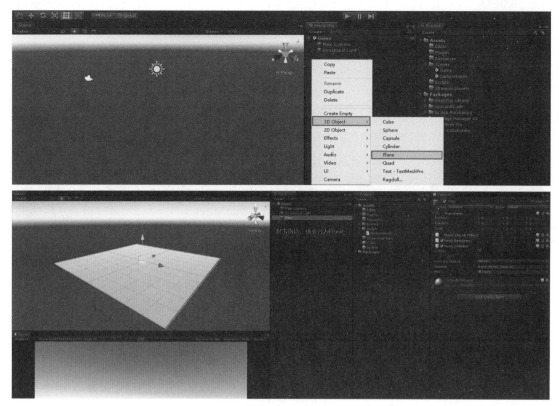

图1-18　创建地面

2. 游戏主角：猫

与地面的创建过程一样，下面来创建游戏主角———一只可爱的猫。为了方便，现阶段先创建一个球体，临时性地代替猫。球体的创建过程如图1-19所示。

（1）在结构面板的空白处单击鼠标右键，在弹出的快捷菜单中选择3D Object>Sphere，这样就完成了一个球体的创建。

（2）在结构面板和场景面板中，可以看到刚刚创建的球体Sphere。

（3）根据实际情况，需要把球体放在地面的中心处。所以，先选中球体Sphere，在它的监视器面板中，找到其位置组件Transform，对该组件的参数进行更改。

（4）尽管它是一个球体，但还是把它命名为Mao。

（5）单击场景面板，按快捷键Ctrl+S保存场景。至此，游戏主角就创建完成了。

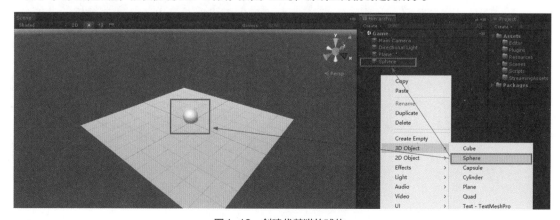

图1-19　创建代替猫的球体

图1-19　创建代替猫的球体（续）

3.普通角色：老鼠

创建一个立方体来代替老鼠，老鼠的创建过程跟猫的大同小异。

如图1-20所示，在结构面板的空白处单击鼠标右键，在弹出的快捷菜单中选择3D Object>Cube，于是一个立方体就创建完成了，把它重命名为Mouse，并将它的初始位置Position设置为（0,0.5,-4）。

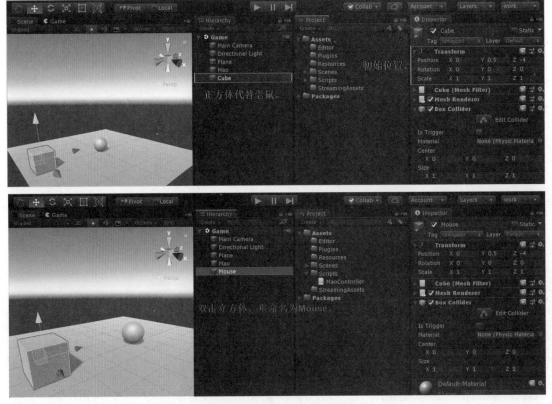

图1-20　创建代替老鼠的立方体

到这里，一个简单的游戏世界的场景和角色就创建完成了。

接下来，如何实现猫捉老鼠的玩法呢？

这就需要引入脚本了。脚本可以控制猫自由移动，当猫捉到老鼠时，脚本又能控制老鼠灵活地逃跑。

Unity脚本的编写需要了解C#基础知识，实现优秀玩法的脚本需要一定量的学习和实践。本书关于脚本的讲授主要集中在第2篇。第1篇涉及的脚本，笔者将抽取其中的关键部分进行说明，以确保读者能看懂代码含义。本篇涉及的C#基础知识就留作练习，相信大家通过自主学习一定能看明白！

1.2.2　关联脚本

为了理解一个脚本的用途，下面通过几个小问题来梳理一下思路。

①脚本要实现什么功能？

②脚本实现这个功能需要关联哪些物体？

③这些物体需要符合什么条件才能被脚本关联？

接下来带着问题，从实现功能的角度出发，把脚本应用到游戏中。

脚本要实现的功能是，玩家可以用键盘上的W、A、S、D键控制猫在地面上自由地行走。通常情况下，猫在地面上行走，所以这个脚本需要关联猫和地面。猫和地面符合什么条件才能被关联呢？

第一，脚本控制的是猫的移动，所以脚本需要加到猫身上。第二，由于控制物体移动的逻辑实际上是控制物体的刚体组件移动，所以猫身上需要加一个刚体组件。第三，有了刚体组件，猫就有了重力效果，若地面上没有碰撞体组件，猫就会掉下地面，所以地面上也需要加碰撞体组件。

对猫和地面的设置，如图1-21和图1-22所示。

图1-21　地面设置

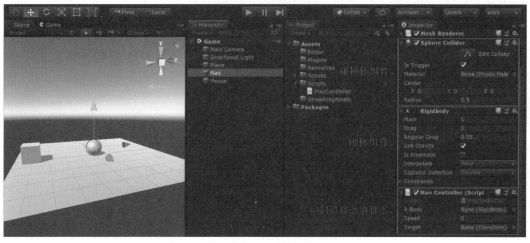

图1-22　猫的设置

加了脚本之后，猫可以自由地行走了，但是这只猫还不能捕捉老鼠，为什么呢？

因为猫还不认识老鼠，自然不知道自己应该捉谁，那么如何让猫认识老鼠呢？

这里可以为脚本中的捕捉逻辑指定一个捕捉目标，让猫时刻知道自己要捕捉的是什么。在具体代码中，为这个捕捉目标定义一个公共变量 Target，只需要把老鼠赋值给这个 Target，猫就知道该捉谁了，如图1-23所示。

好了，再来说说老鼠。

老鼠被捉到之后能逃跑，说明老鼠被捉后，其位置会变化，所以给老鼠加的代码简单一些，只是实现位置变化的逻辑。另外，老鼠和猫一样也要在地面上行走，所以也需要为它添加碰撞体组件，图1-24所示是为老鼠添加碰撞体组件的操作过程。

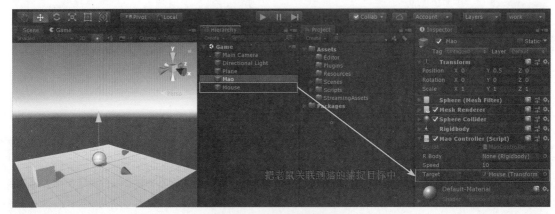

图1-23　为猫关联捕捉目标

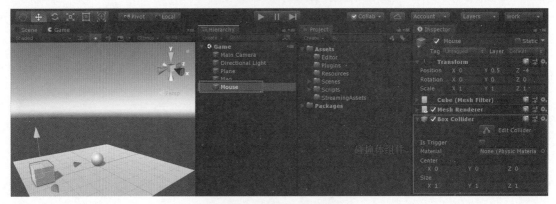

图1-24　为老鼠添加碰撞体组件

至此，猫捉老鼠的游戏就可以玩了。保存场景，单击"运行"按钮，如图1-25所示。

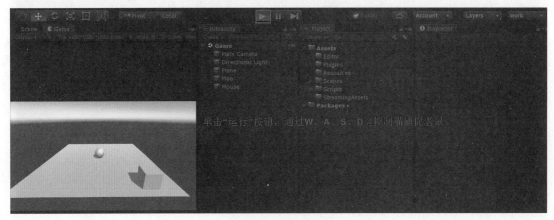

图1-25　猫捉老鼠

假如 W、A、S、D 键无响应，这是因为没有激活游戏面板 Game，单击游戏面板即可激活。

至此，玩家终于可以自由地控制猫去捉老鼠了，老鼠被捉到后会自动地随机换一个位置。如果你运行的结果也是如此，那么说明你的实践成功了！

1.3 美化游戏

朋友们，《猫捉老鼠》将是你上线的第一款游戏，为了让《猫捉老鼠》更完整，本节将为其丰富场景、添加界面、完善功能，让它可以称得上是一款简单的游戏。

好了，说干就干，一起实践吧！

1.3.1 丰富场景

1. 游戏主角：猫

在上面的实践中，一直用球体代替猫的模型，显然这个临时球体早晚要被换掉。

现在，真正的主角就要闪亮登场了。

先向工程中导入一只可爱的猫，如图 1-26 所示。这只猫是 Unity 商店中一个免费的模型，包含了 5 个动画片段：站立、行走、攻击、吃东西和发声。

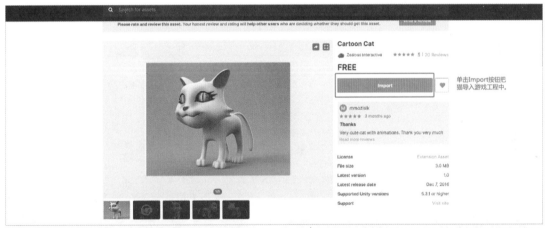

图 1-26　猫的导入

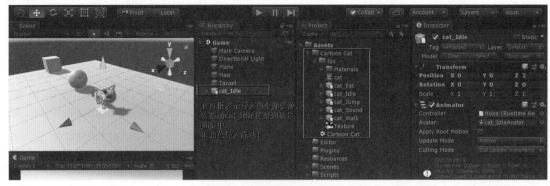

图1-26 猫的导入（续）

图1-26所示是向Unity里导入资源的步骤，无论什么资源，只要是Unity商店中有的，均可以按照图中所示的步骤将其导入工程。这里需要说明一下，Unity商店中的所有资源均是共享的，所有人都能用，因此，要上线一款游戏，独立制作的美术资源是必不可少的。

接下来，用猫的模型替换小球。

01 在工程面板中找到模型cat_Idle，这是一只附有站立动画的猫，把它拖入结构面板，并在工程面板中新建一个文件夹prefabs。

02 把结构面板中的模型cat_Idle拖到工程面板的Assets>prefabs文件夹中，这样一来，便在文件夹prefabs中创建了一个预制体cat_Idle，结构面板中的cat_Idle成了该预制体的复制体，如图1-27所示。

细致观察可以发现，结构面板中的模型cat_Idle的图标变成了蓝色，这是因为模型cat_Idle从物体变成了预制体。

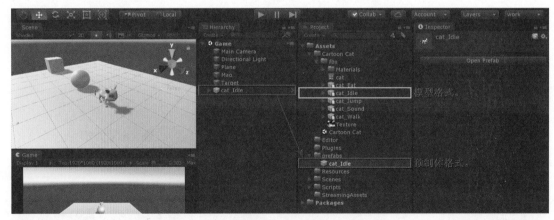

图1-27 猫的设置

到这里，你或许会对预制体有些疑惑：预制体是什么？预制体有什么作用？为什么要用预制体？

首先，看一个关卡游戏《宾果消消消》，在这款消除类游戏中，一个关卡有很多相同的方块，比如圆圈、爱心和石头等，如图1-28所示。

有一天，制作人觉得爱心方块不好看，让美术人员重新设计了一个方块模型。拿到新模型之后，程序员们就开始做替换工作。

替换工作的逻辑很简单，就是把模型从一个心形模型替换成圆形模型。可难的是，游戏里很多地方都用到了旧的爱心模型，难道要逐一替换吗？

这样逐一替换的效率太低了。

图1-28 《宾果消消消》

假设有这样一个方案：有一个母体，所有爱心方块都是从这个母体上复制出来的，只要修改了母体，所有的爱心方块都会随之改变，这该多好啊。

Unity就提供了一个这样的母体机制。预制体是Unity提供的用以实现母体机制的一个预定义物体。一个模型只要被拖进了工程面板就会变成一个预制体，这个预制体被拖进结构面板，就会产生一个它的复制体。预制体决定了它的所有复制体，一旦修改预制体，它的所有复制体将自动同步被修改。在Unity中，这个母体机制通常被称为预制体机制。

到这里，预制体的讲解就告一段落了。

我们来继续替换游戏主角的模型。

03 把球体的3个组件——碰撞体、刚体、脚本复制到物体cat_Idle上。这里的复制和粘贴操作和Word文档中的操作一样，选中球体的组件，按快捷键Ctrl+C复制，在cat_Idle的监视器面板上按快捷键Ctrl+V粘贴。

需要说明的是，物体cat_Idle是一个复制体，现在复制体被修改了，但它的预制体还是之前的版本，这造成了复制体和预制体的版本不同步，显然不正确。

那么，该如何把复制体的修改同步到预制体呢？

在结构面板中，选中复制体cat_Idle，在其监视器面板的右上角单击Overrides，在弹出的下拉列表框中列出了复制体的修改信息，单击Apply All按钮，保存修改。这样一来，复制体的新版本覆盖了预制体的旧版本，预制体和复制体便同步了，如图1-29所示。

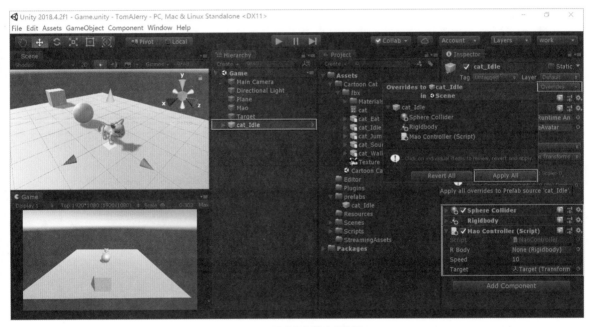

图1-29　同步复制体和预制体

到这里，就完成了本小节的主线任务，即替换了主角猫的模型。对于球体，删除即可。

2. 设置猫的组件

前面已经替换了猫的模型，可是猫的模型和球体不同，还需要重新设置猫的各个组件，如图1-30所示。

01 位置组件Transform：把猫的位置Position设置为（0,0,0），让猫在地面的中心。

02 碰撞体组件Sphere Collider：把其中心点Center设置为（0,0.5,0），让碰撞体正好在地面之上0.5米处，防止猫掉下地面。

03 刚体组件Rigidbody：把猫的旋转冻结Freeze Rotation的3个轴全勾选上，让猫不能旋转，只能平移。

图1-30 猫的组件设置

3. 完善复位逻辑

在游戏中，猫可以自由地行走，但是地面的大小有限，当猫走到地面边缘的时候有可能会掉下去。解决方案是，当猫掉下去之后，程序将猫复位。下面为复位操作添加代码。

打开脚本MaoController，如图1-31所示。If语句判定猫的高度position.y为负数时，认为猫掉下了地面，此时重新设置猫的位置position为new Vector3(0,0,0)，当猫掉下地面之后又会重新出现在地面上。

```
MaoController.cs
MaoController.GameRes    if (this.transform.position.y< 0)
Assembly-CSharp                                          MaoController                          GameReset()

13        public Transform Target;

14

15        void Start()
16        {
17            rBody = GetComponent<Rigidbody>();
18        }

19

20        public void GameReset()
21        {
22            if (this.transform.position.y < 0)
23            {
24                // If the Agent fell, zero its momentum
25                this.rBody.angularVelocity = Vector3.zero;
26                this.rBody.velocity = Vector3.zero;
27                this.transform.position = new Vector3(0, 0, 0);      之前是 (0,0.5,0)，改成 (0,0,0)
28            }

29

30            // Move the target to a new spot
31            Target.position = new Vector3(Random.value * 8 - 4,
32                                 0.5f,
33                                 Random.value * 8 - 4);
34        }

35

36        // Update is called once per frame
```

图1-31 添加复位逻辑

保存场景，运行测试，效果如图1-32所示。

现在游戏的主角终于是一只有各种动画的猫了，而且再也不用担心猫会掉下地面了。

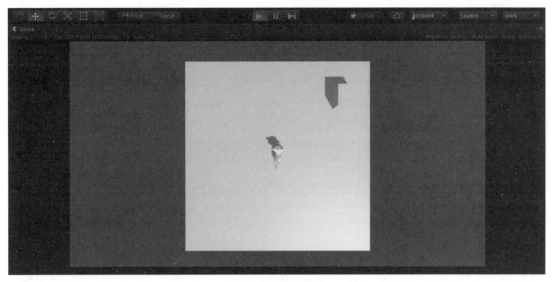

图1-32　运行测试

4.地面设置

在这款游戏中，地面相当于游戏背景，因此地面需要匹配整个游戏的美术风格，也要有合适的尺寸。

因为游戏的屏幕比例是16:9，所以地面的尺寸也需要设为16:9。选中地面，在其监视器面板中，设置地面的尺寸大小Scale为（2.24,1,1.26），如图1-33所示。

图1-33　设置地面尺寸

另外，地面的颜色也需要修改，具体操作如图1-34所示。

在工程面板中，先新建一个文件夹Assets>Materials，用来存放材质球；然后在文件夹中新建一个材质球Floor，并把该材质球指定给地面；最后通过修改材质球的颜色来改变地面的颜色。

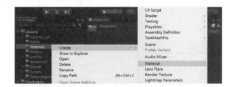

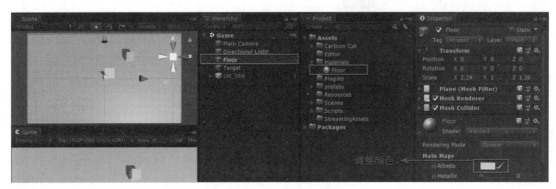

图1-34　修改地面颜色

5.老鼠的设置

（1）老鼠模型替换

前面讲了如何在商店中找到猫的模型，并将其导入场景中使用，老鼠模型资源的导入方法也一样。DogKnight是导入老鼠模型后创建的资源文件夹。把DogKnight>Prefab>DogPBR模型拖进结构面板，然后删除物体Target，如图1-35所示。

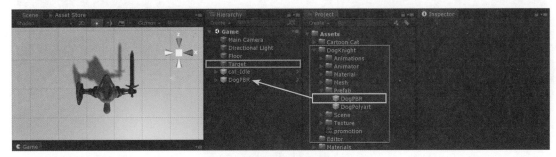

图1-35　老鼠模型替换

（2）关联脚本

替换老鼠的模型之后，猫的捕捉目标需要重新指定，步骤如图1-36所示。

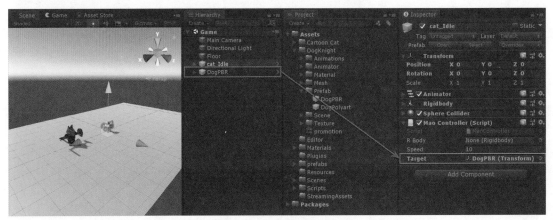

图1-36　替换捕捉目标

到这里，丰富场景的实践就完成了。

运行游戏，效果如图1-37所示，是不是感觉高级多了。

图1-37　运行成功

1.3.2 增加计分功能

要进一步提高可玩性，还需要为《猫捉老鼠》游戏增加计分功能。为计分功能设计如下计分规则。

①玩家控制猫捉到老鼠1次，奖励金币1个。

②玩家控制猫自由移动，如果掉下地面，扣掉所有金币，金币重新计数。

计分功能是一个独立模块，涉及界面制作和代码编写两部分。在开发游戏时，大多数程序员习惯先制作界面后编写代码，这个习惯来源于实践。对于计分功能，本书将按照先制作界面后编写代码的顺序来实现。

1. 计分界面

依据计分规则，计分界面包含两个组件：一个是金币图标，一个是金币数量。

（1）创建面板

面板是一个包含各种界面组件的桌面，有了这个桌面，开发者能更方便地调整界面的位置。在结构面板中，右击结构面板，在弹出的快捷菜单中，选择UI>Panel，即可创建一个面板，创建过程如图1-38所示。

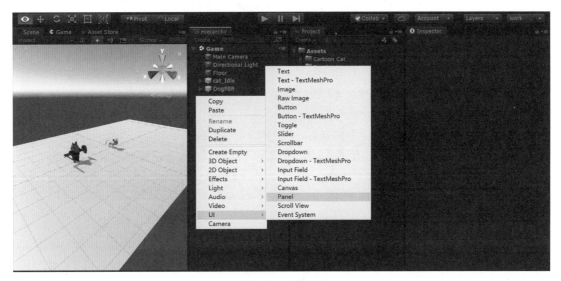

图1-38　创建面板

大多数游戏的计分界面是2D界面的，《猫捉老鼠》的计分界面也是一样的。为了方便制作界面，下面把开发模式从3D切换到2D，切换操作如图1-39所示。

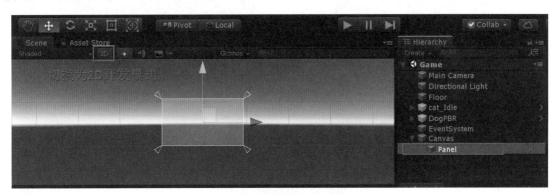

图1-39　切换为2D开发模式

一般情况下，计分界面会放在游戏界面的右上角，下面调整Panel的位置到右上角。

（2）矩形组件

固定面板：选中结构面板中的Panel，在其监视器面板中的第1个组件是矩形组件Rect Transform，如图1-40所示，选择了右上布局，这表示Panel会固定在右上角。具体来说，无论界面的尺寸和位置如何变化，Panel的位置会一直在右上角。

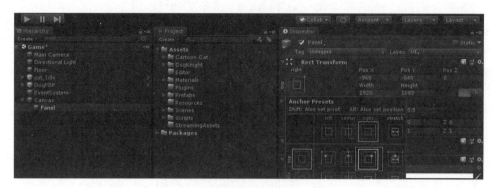

图1-40　固定面板

另外，锚点Anchor负责固定Panel，如果调整Panel的宽高尺寸，不难发现Panel的宽度和高度均以锚点为中心变化。

尺寸设置：把界面的宽高尺寸设置为（1000,300），中心点Pivot设置为（1,1），如图1-41所示。

图1-41　尺寸设置

（3）图片组件

选中Panel，其监视器面板中有一个图片组件Image，用来设置图片组件的属性，比如背景图片的颜色和尺寸，此处设置Panel的背景色为紫色，如图1-42所示，以便调整Panel的尺寸。

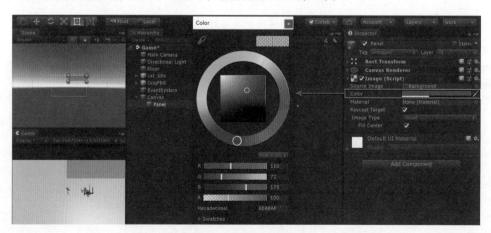

图1-42　更改Panel的颜色

2.金币图标

在结构面板中，选中Panel，右击Panel，在快捷菜单中选择UI>Image，创建一个图标，如图1-43所示。

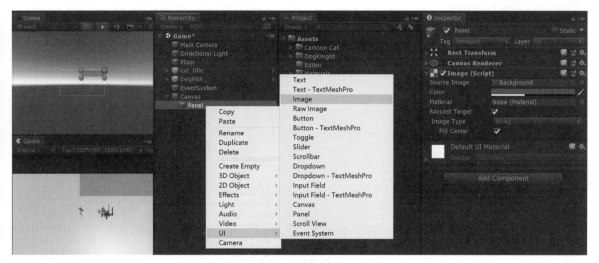

图1-43 创建图标

创建完成以后，将其命名为Image_coin。随后把提前准备好的金币图片拖入图标的Image组件的源文件参数Source Image中，如图1-44所示，调整其大小。

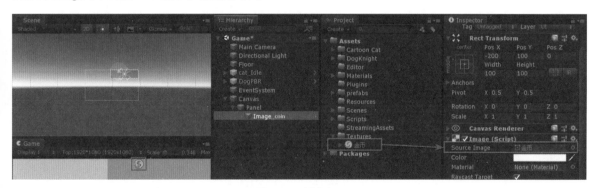

图1-44 创建金币

3.金币数量

在结构面板中，先选中Panel，再右击Panel，在快捷菜单中选择UI>Text，创建一个文本组件Text，对文本组件进行设置，如图1-45所示。

完成上述操作后，选中Panel，把其颜色修改为全透明。图1-46所示是最终的计分界面，尽管这个计分界面还有些粗糙，但它已经可以用来计分了。

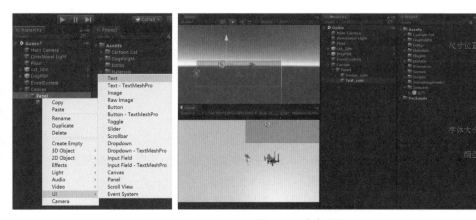

图1-45 文本设置

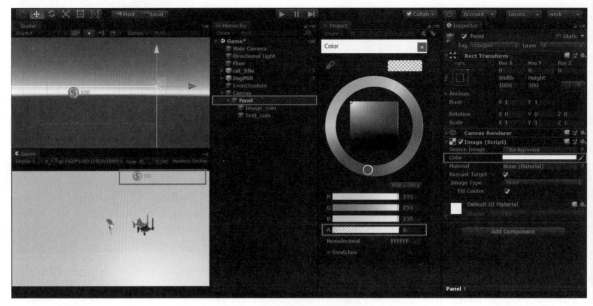

图1-46 最终的计分界面

4. 代码实现

前面提到，功能开发的顺序是先制作界面后编写代码，既然计分界面已经制作完成了，接下来便要写代码了。

打开脚本MaoController，把计分逻辑写到这个脚本里。本章所有代码都写到脚本MaoController里，这样的安排有利于线性地梳理代码逻辑，避免精力分散。

（1）增加变量

增加两个公共变量textCoin和coinNum，如图1-47所示，它们分别表示金币文本和金币数量。

图1-47 增加变量

提示

using引用库

通常情况，C#脚本的开头都会有一个using引用列表，用来表示在本脚本中引用的方法或函数来自哪一个库，这是C#语言用来引用库的基本语法。

（2）金币数量增加的逻辑

当猫捉到老鼠时，玩家的金币数量会加1，同时金币数量会更新到金币文本上，如图1-48所示。这样一来，猫一旦捉到老鼠，计分界面的金币数量马上就会发生变化。

```
24   public void GameReset()                                              每次捉到老鼠会执行的代码
25   {
26       if (this.transform.position.y < 0)
27       {
28           // If the Agent fell, zero its momentum
29           this.rBody.angularVelocity = Vector3.zero;
30           this.rBody.velocity = Vector3.zero;
31           this.transform.position = new Vector3(0, 0, 0);
32       }
33
34       // Move the target to a new spot
35       Target.position = new Vector3(Random.value * 8 - 4,
36                             0.5f,
37                             Random.value * 8 - 4);
38
39       coinNum++;                          1. 金币数量+1。
40       textCoin.text = coinNum.ToString();     2. 金币数量显示到金币文本中。
41
42   }
```

图 1-48 金币数量增加

5. 关联脚本

代码写完后还需要为脚本关联物体，因为脚本中新增了一个文本变量，所以要为这个文本变量关联上金币数量文本 Text_coin，关联操作如图 1-49 所示。

如此一来，代码中的金币数量 coinNum 会实时地显示在金币数量文本 Text_coin 上。

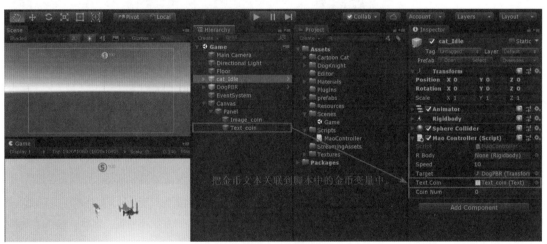

图 1-49 关联脚本

计分功能到这里就全部完成了，如图 1-50 所示，运行看看效果吧！

图 1-50 计分功能

1.3.3　试运行

为什么会有本小节试运行？

在软件和游戏公司里，有一个职位叫测试工程师，他们的工作职责是测试软件或游戏的新增功能，比如游戏的新版本有没有缺少功能点，新增功能有没有错误等。

有几句题外话，大家权当是笔者对游戏行业的一些个人观点，为大家客观看待游戏行业提供一个视角。测试这份工作不像程序员，尽管没什么功劳，但十分重要。因为一款线上游戏如果在更新版本时有严重的错误，那么一定会招来玩家们的差评，甚至还会失去玩家，为了补偿玩家，发福利丢钱都是再小不过的事了，最重要的是，辛辛苦苦树立的口碑一旦失去将很难挽回。

因此，既然决定开发一款游戏，那一定要认真测试。

带着责任来测试我们的第一款游戏吧。

首先，检查一下新增了哪些功能。第一，替换了猫和老鼠的模型；第二，增加了计分功能。一共有两个，没有缺失。

其次，运行测试。第一，看角色模型有没有替换成功；第二，看猫捉到老鼠后金币有没有增加；第三，看猫掉下地面之后有没有在地面中心重生，金币有没有归零。

经过测试，如果功能没有缺失也没有错误，那么恭喜，通过测试！但是，如果你的测试没有通过，一定要回到上文检查，更正后再继续，不要着急，一步步来。

图 1-51 所示是《猫捉老鼠》的试运行截图。

图 1-51　试运行截图

1.4　Beta 版本

目前，游戏中老鼠的数量只有 1 个，猫的捕捉目标太少，并且老鼠的种类也只有 1 种，角色模型的种类太单一，游戏的玩法不够有趣。另外，游戏的奖励只有金币 1 种，这导致游戏的经济系统不完善。因此，这款游戏还无法给玩家足够的激励。

为了让玩家们有足够的动力，也为了发布游戏的第一个版本，下面将给《猫捉老鼠》加一个初级的捕捉玩法。本节内容将沿着捕捉玩法这条主线展开，从设计玩法到界面制作，再到代码实现，一步步地实践。最后，本节将发布《猫捉老鼠》的第一个版本。

接下来梳理本节要实现的具体内容。

具体来说，本节将把老鼠的种类拓展为 3 种，当猫捕捉到不同种类的老鼠时，玩家将获得不同种类的奖励，包括金币、蓝钻和红钻。

沿着主线，我们继续吧。

1.4.1 调整界面

1.计分界面

（1）把计分面板Panel的锚点Anchor调整到左上布局，以保证计分面板Panel的位置会一直固定在游戏界面的左上角。

（2）把金币图标和金币数量的锚点Anchor均调整到左上布局，以确保扩大或缩小计分面板Panel的尺寸时，金币图标和金币数量文本的位置将始终固定在计分界面的左上角。

（3）把计分面板Panel、金币图标Image_coin和金币数量文本Text_coin的大小调整到一个合适的尺寸，图1-52所示是计分界面的各个组件的具体尺寸。

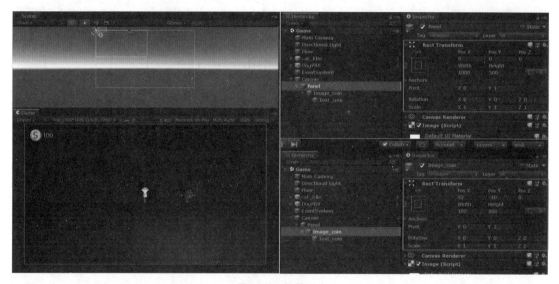

图1-52　组件尺寸

这里需要说明一点，要把金币数量文本拖到金币图标下面，让金币数量文本成为金币图标的子物体，Text_coin的具体设置如图1-53所示。

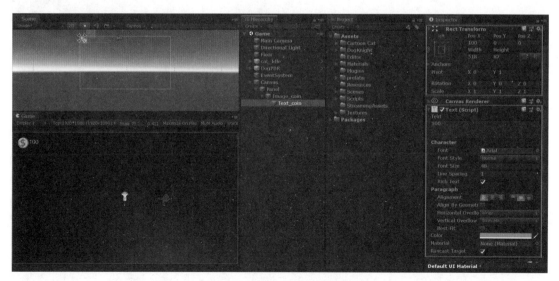

图1-53　Text_coin的具体设置

最后补充一点，为了凸显游戏角色和游戏界面，还要把地面的颜色调整为黑色，如图1-54所示。

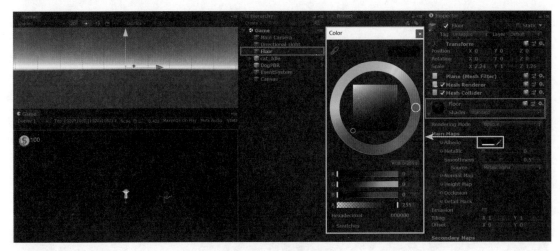

图1-54　调整地面的颜色

2. 3种奖励

根据捕捉玩法的具体实现内容，这款游戏的奖励种类被扩展成3种——金币、蓝钻和红钻。

下面添加蓝钻的图标和数量文本以及红钻的图标和数量文本，此处因为这两者的添加操作和金币的一样，所以此处不再赘述。

图1-55所示是计分界面的最终效果。

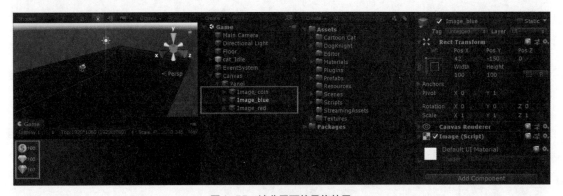

图1-55　计分界面的最终效果

3. 3种老鼠

图1-56所示是在工程面板中的3种老鼠的模型，需要把这3种老鼠拖进结构面板，也就是拖进游戏场景，再将它们按照一字排列在地面上。

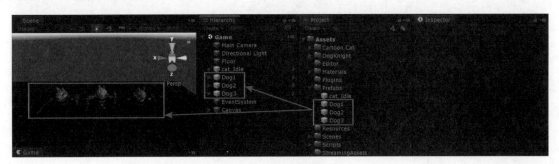

图1-56　3种老鼠

1.4.2 捕捉玩法

3种游戏奖励的界面制作完成了，3种老鼠模型也导入了游戏场景。下面将编写代码，实现捕捉玩法的逻辑。

为了方便读者梳理并修改游戏逻辑，这里将所有的游戏逻辑写进主控脚本中，即写进脚本MaoController中。首先，新增变量。

既然游戏界面中新增了两种奖励组件，代码中自然也要增加两个奖励变量，以保证代码中的3个奖励变量能分别对应计分界面中的3种奖励组件，这3种奖励分别是金币、蓝钻和红钻。

另外，游戏场景中还新增了两种老鼠模型，代码中自然也要增加两个老鼠变量，以保证游戏场景中的3种老鼠模型能分别对应代码中的3个老鼠变量，同时代码中还将这3个老鼠变量分成了3个等级，这3个等级分别是一级、二级和三级。

在脚本MaoController中，新增变量的代码如下所示。

```
/// <summary>
/// 猫控制脚本
/// </summary>
public class MaoController : MonoBehaviour
{
    public Rigidbody rBody;
    public float speed;
    Vector3 controlSignal = Vector3.zero;

    public Transform Target0;//一级老鼠
    public Text textCoin;//金币文本
    public int coinNum;//金币数量

    public Transform Target1;//二级老鼠
    public Text textBlue;//蓝钻文本
    public int blueNum;//蓝钻数量

    public Transform Target2;//三级老鼠
    public Text textRed;//红钻文本
    public int redNum;//红钻数量
```

其次，新增逻辑。

捕捉玩法规定的计分逻辑一共有3条。

（1）当猫捕捉到1只一级老鼠时，玩家的金币数量将立即加1。

（2）当猫捕捉到1只二级老鼠时，玩家的蓝钻数量将立即加1。

（3）当猫捕捉到1只三级老鼠时，玩家的红钻数量将立即加1。

可见，3个等级的老鼠分别对应3种奖励。因此，对于这3种情况，代码要分开来写，不可混淆。

```
void FixedUpdate()
    {
        //用W、A、S、D键控制猫移动
        controlSignal.x = Input.GetAxis("Horizontal");
        controlSignal.z = Input.GetAxis("Vertical");
        rBody.AddForce(controlSignal * speed);

        // 当猫掉下地面时，将猫复位
        if (this.transform.position.y < 0)
        {
            this.rBody.angularVelocity = Vector3.zero;
```

```
        this.rBody.velocity = Vector3.zero;
        this.transform.position = new Vector3(0, 0, 0);
    }

    // 捉到一级老鼠，金币加1
    float distanceToTarget0 = Vector3.Distance(this.transform.position,
                                               Target0.position);
    // 判断猫和一级老鼠的距离，距离小于1.42f表示猫捉到了老鼠
    if (distanceToTarget0 < 1.42f)
    {
        //金币增加
        coinNum++;
        textCoin.text = coinNum.ToString();
    }

    // 捉到二级老鼠，蓝钻加1
    float distanceToTarget1 = Vector3.Distance(this.transform.position,
                                               Target1.position);
    // 判断猫和二级老鼠的距离，距离小于1.42f表示猫捉到了老鼠
    if (distanceToTarget1 < 1.42f)
    {
        //蓝钻增加
        blueNum++;
        textBlue.text = blueNum.ToString();
    }

    // 捉到三级老鼠，红钻加1
    float distanceToTarget2 = Vector3.Distance(this.transform.position,
                                               Target2.position);
    // 判断猫和三级老鼠的距离，距离小于1.42f表示猫捉到了老鼠
    if (distanceToTarget2 < 1.42f)
    {
        //红钻增加
        redNum++;
        textRed.text = redNum.ToString();
    }
}
```

最后，随机位置。

老鼠被猫捉到以后，会逃跑到重生区域内的一个随机位置，重生区域是地面上从（0,0）点到（4,4）点的矩形区域。随机位置的逻辑代码如下所示。

```
    // 捉到一级老鼠，金币加1
    float distanceToTarget0 = Vector3.Distance(this.transform.position,
                                               Target0.position);
    // 判断猫和一级老鼠的距离，距离小于1.42f表示猫捉到了老鼠
    if (distanceToTarget0 < 1.42f)
    {
        // 一级老鼠被捉到后，逃跑到一个随机位置
        Target0.position = new Vector3(Random.value * 8 - 4,
                                       0.5f,
                                       Random.value * 8 - 4);
        //金币增加
        coinNum++;
        textCoin.text = coinNum.ToString();
```

```
}

// 捉到二级老鼠，蓝钻加1
float distanceToTarget1 = Vector3.Distance(this.transform.position,
                                           Target1.position);
// 判断猫和二级老鼠的距离，距离小于1.42f表示猫捉到了老鼠
if (distanceToTarget1 < 1.42f)
{
    // 二级老鼠被捉到后，逃跑到一个随机位置
    Target1.position = new Vector3(Random.value * 8 - 4,
                                  0.5f,
                                  Random.value * 8 - 4);
    //蓝钻增加
    blueNum++;
    textBlue.text = blueNum.ToString();
}

// 捉到三级老鼠，红钻加1
float distanceToTarget2 = Vector3.Distance(this.transform.position,
                                           Target2.position);
// 判断猫和三级老鼠的距离，距离小于1.42f表示猫捉到了老鼠
if (distanceToTarget2 < 1.42f)
{
    // 三级老鼠被捉到后，逃跑到一个随机位置
    Target2.position = new Vector3(Random.value * 8 - 4,
                                  0.5f,
                                  Random.value * 8 - 4);
    //红钻增加
    redNum++;
    textRed.text = redNum.ToString();
}
```

到这里，代码就写完了。

回到Unity，如果你的代码编写正确，则脚本组件上会刷新出上文新增的变量，如图1-57所示。

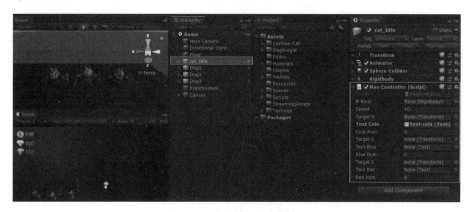

图1-57 代码编写正确的效果

1.4.3 关联物体

脚本组件中新增的变量都是空的，需要为每个空变量拖入物体，进行赋值操作，如图1-58所示。

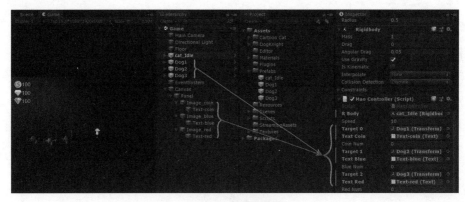

图1-58 为变量赋值

实践完上述步骤以后，不要忘记测试新增功能。这里再提示一下测试的两个要点：第一，测试新增功能是否缺少功能点；第二，测试新增功能是否正确。如果忘记了，可以回顾"1.3.3试运行"小节。

测试完成，新增功能正确。当猫捕捉到一只一级老鼠时，玩家的金币数量会立即加1；当猫捕捉到一只二级老鼠时，玩家的蓝钻数量会立即加1；当猫捕捉到一只三级老鼠时，玩家的红钻数量会立即加1。

脚本MaoController的最终代码如下所示。

```
using System.Collections;
using System.Collections.Generic;
using UnityEngine;
using UnityEngine.UI;

/// <summary>
/// 猫的控制脚本
/// </summary>
public class MaoController : MonoBehaviour
{
    public Rigidbody rBody;
    public float speed;
    Vector3 controlSignal = Vector3.zero;

    public Transform Target0;// 一级老鼠
    public Text textCoin;// 金币文本
    public int coinNum;// 金币数量

    public Transform Target1;// 二级老鼠
    public Text textBlue;// 蓝钻文本
    public int blueNum;// 蓝钻数量

    public Transform Target2;// 三级老鼠
    public Text textRed;// 红钻文本
    public int redNum;// 红钻数量

    void Start()
    {
        rBody = GetComponent<Rigidbody>();
    }

    /// <summary>
    /// 猫捕捉不同级别的老鼠，不同的奖励各自增加
    /// 捕捉一级老鼠，金币增加
```

```csharp
/// 捕捉二级老鼠，蓝钻增加
/// 捕捉三级老鼠，红钻增加
/// </summary>
void FixedUpdate()
{
    //用W、A、S、D键控制猫移动
    controlSignal.x = Input.GetAxis("Horizontal");
    controlSignal.z = Input.GetAxis("Vertical");
    rBody.AddForce(controlSignal * speed);

    // 当猫掉下地面时，将猫复位
    if (this.transform.position.y < 0)
    {
        this.rBody.angularVelocity = Vector3.zero;
        this.rBody.velocity = Vector3.zero;
        this.transform.position = new Vector3(0, 0, 0);
    }

    // 捉到一级老鼠，金币加1
    float distanceToTarget0 = Vector3.Distance(this.transform.position,
                                               Target0.position);
    // 判断猫和一级老鼠的距离，距离小于1.42f表示猫捉到了老鼠
    if (distanceToTarget0 < 1.42f)
    {
        // 一级老鼠被捉到后，逃跑到一个随机位置
        Target0.position = new Vector3(Random.value * 8 - 4,
                                       0.5f,
                                       Random.value * 8 - 4);
        //金币增加
        coinNum++;
        textCoin.text = coinNum.ToString();
    }

    // 捉到二级老鼠，蓝钻加1
    float distanceToTarget1 = Vector3.Distance(this.transform.position,
                                               Target1.position);
    // 判断猫和二级老鼠的距离，距离小于1.42f表示猫捉到了老鼠
    if (distanceToTarget1 < 1.42f)
    {
        // 二级老鼠被捉到后，逃跑到一个随机位置
        Target1.position = new Vector3(Random.value * 8 - 4,
                                       0.5f,
                                       Random.value * 8 - 4);
        //蓝钻增加
        blueNum++;
        textBlue.text = blueNum.ToString();
    }

    // 捉到三级老鼠，红钻加1
    float distanceToTarget2 = Vector3.Distance(this.transform.position,
                                               Target2.position);
    // 判断猫和三级老鼠的距离，距离小于1.42f表示猫捉到了老鼠
    if (distanceToTarget2 < 1.42f)
    {
```

```
            // 三级老鼠被捉到后，逃跑到一个随机位置
            Target2.position = new Vector3(Random.value * 8 - 4,
                                           0.5f,
                                           Random.value * 8 - 4);
            //红钻增加
            redNum++;
            textRed.text = redNum.ToString();
        }
    }
}
```

1.4.4 大功告成

前面分离了3种老鼠的逻辑代码，到这里，《猫捉老鼠》游戏的捕捉玩法终于完整地实现了！

现在，继续进行第二次测试。

运行Unity，如果游戏报错，则首先看一下信息面板Console中的报错信息，分析其原因，改正后再继续。

通过解决一个真实的报错，完成一遍测试、诊断并修改错误的流程。

1.打开信息面板

检查信息面板Console是否打开，如果没有，可以通过图1-59所示的方式打开信息面板Console。

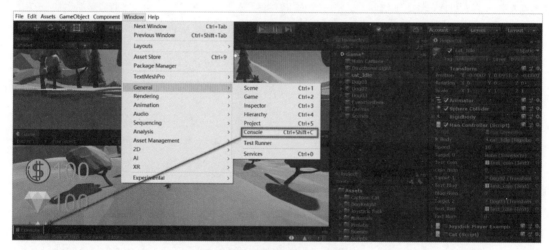

图1-59　打开信息面板Console

2.了解信息面板

要分析报错，首先应该了解信息面板，其简单介绍如图1-60所示。

图1-60　了解信息面板

信息面板提供了3类信息，分别是日志信息、警告信息和报错信息。其中，需要重点说明的是报错信息。报错信息用红色标识，单击报错信息可以展开报错详情面板，如图1-61所示。

图1-61　报错详情面板

3.分析报错并诊断错误

分析报错之前，要先看报错信息的结构，如图1-62所示。Unity把报错信息分为两个部分：报错类型和报错信息。

图1-62　报错信息的结构

因为报错信息的意思是脚本MaoController的一级捕捉目标没有指定一个合理的引用物体，所以报错类型是未指定引用异常。

最终的诊断结论是，脚本MaoController中的一级老鼠变量缺失了外部指定的一级老鼠模型。

4.修改错误

停止运行游戏，定位到猫的脚本组件Mao Controller，不难发现，组件中的一级老鼠变量Target0确实没有引用模型，把一级老鼠模型指定给一级老鼠变量Target0，如图1-63所示，错误修改完毕。

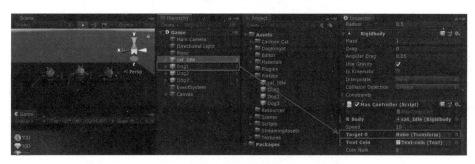

图1-63　重新指定

《猫捉老鼠》游戏的捕捉玩法实现了，如图1-64所示。至此，大功告成！

图1-64　《猫捉老鼠》游戏最终效果

最后，把工程文件存储为TomAJerry。

大家也可以打开本书下载资源文件GameProjects>Article1>Chapter1>TomAJerry1，查看作者的操作结果，印证自己的操作。

UI 界面

第1章讲解了Unity的游戏开发流程和基本操作。通过自主学习，相信大家已经掌握了一些C#语言的基础知识。

第2章将以《猫捉老鼠》的界面制作为主线，讲解游戏登录及捕捉界面的制作，并实现一个背包模块和一个简单的UI框架。本章的学习目标有两个：第1个是让大家可以独立制作一些常见的UI界面，第2个是构建对游戏界面的基本认知。

无论学习什么，编程也好、UI界面也好，最好的学习方式依然是实践。所以，本章将继续以实践为主。

2.1 基础 UI 界面

在大多数游戏中，UI界面可以分为3个等级：第1级界面是指登录、主城、战斗等游戏界面；第2级界面是指背包、商店、武器等功能窗口；第3级界面是指匹配、结算等信息窗口。

本节将为《猫捉老鼠》制作两个界面，分别是登录界面和捕捉界面。

2.1.1 登录界面

默认情况下，所有游戏都有一个登录界面，尽管登录界面的样式不同，但其功能大同小异，都用来实现登录功能。所以实际上，本节实现的是《猫捉老鼠》的登录模块。

第1章提到了游戏的开发顺序，通常是先制作界面后编写代码，对于登录功能，依然按照这个顺序来制作。

此外，值得一提的是，在游戏公司里，一款游戏的开发往往需要花费大量的人力、物力，记得笔者在蓝港游戏工作的时候，一个游戏团队能有一百多人，单工资这一项每个月都要花几百万元。因此，一款手游不是开发完就万事大吉了，它还要上线，还要有玩家愿意花钱玩才行。所以，一款游戏必须有品质、有要求、有对比，这也是要游戏制作人非常严格的主要原因。

要有品质，最简单的是要有个参照。客观上，《王者荣耀》是一款有品质的游戏，下面就选《王者荣耀》的登录界面来做参考标准。

实践之前，先来看看《王者荣耀》的登录界面，如图2-1所示。

图2-1 《王者荣耀》登录界面

下面做一个同样的登录界面来挑战一下吧。

1. 导入参照图片

01 右击文件夹Textures，在弹出的菜单中选择Import New Asset选项，把《王者荣耀》的登录界面的截图导入工程，图2-2所示是导入操作。

图2-2　图片的导入操作

导入之后，要为图片设置类型，因为图片将作为UI使用，所以把图片类型设置为Sprite(2D and UI)，如图2-3所示。

图2-3　设置图片类型

02 在文件夹Canvas中新建一个登录面板，将其重命名为Panel_Login，在登录面板Panel_Login下新建背景图片Image_bg，设置其Rect Transform组件的布局为填充型Stretch，并设置各边距为0，如图2-4所示。

图2-4　新建登录面板和简易图片

03 把参照图片拖入背景图片Image_bg的Image组件的源文件参数Source Image中，如图2-5所示。

图2-5 设置参照图片

04 按照参照图片来制作登录界面。为了方便对比，把参照图片的透明度降低至60，如图2-6所示。

图2-6 降低参照图片的透明度

2. 制作核心控件

01 制作开始游戏按钮。在Panel_Login中新建一个按钮Button_Begin，把按钮放到参照图片的开始游戏按钮上，依据参照图片的开始游戏按钮的尺寸调整按钮Button_Begin，然后把按钮文本改为"开始游戏"，如图2-7所示。

图2-7 制作开始游戏按钮

02 在Panel_Login中再新建一个服务器选择按钮Button_Server，和开始游戏按钮一样，按照和参照图片1:1的大小制作，如图2-8所示。

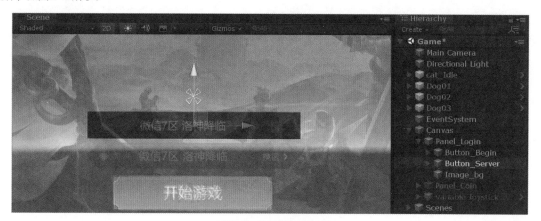

图2-8　服务器选择按钮

03 这里还要为服务器选择按钮添加两个控件：第1个是服务器状态，比如爆满、正常、空闲；第2个是换区按钮，如图2-9所示。

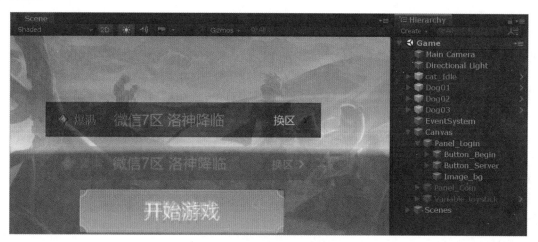

图2-9　添加服务器选择按钮控件

3. 背景图片

在登录界面中添加一张背景图片，然后去掉参照图片，完成登录界面的制作，如图2-10所示。

图2-10　登录界面制作完成

4.登录功能

下面写一个登录脚本，用于实现游戏的登录功能。写之前，应先梳理清楚登录功能。

通常，登录的逻辑是：首先，玩家输入用户名和密码，点击开始游戏按钮；其次，用户名和密码被发送到游戏服务器进行验证，服务器验证后会把登录的确认信息返回给客户端；最后，客户端收到确认信息后，玩家才能进入游戏。图2-11所示是一张登录功能的时序图，呈现了一个标准的登录流程。

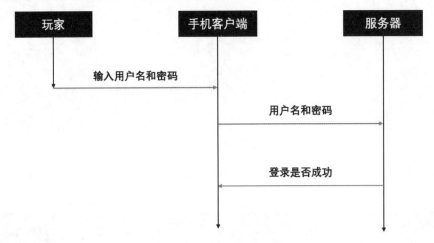

图2-11 登录功能的时序图

这里值得一提的是，一款既有客户端又有服务器的手游是网络游戏，而一款只有客户端没有服务器的手游是单机游戏，两者最大的区别在于能否进行多人对战，比如网络游戏《王者荣耀》有5V5对战，而单机游戏《开心消消乐》却只能一个人玩。

《猫捉老鼠》只有客户端没有服务器，是一款单机游戏，因此，客户端向服务器发送消息的这一步就省掉了。《猫捉老鼠》的登录逻辑相对简单，玩家点击开始游戏按钮，客户端直接进入游戏，不向服务器发送请求，也无须等待确认。

好了，下面开始写代码。

01 新建一个脚本Game Controller，用来控制游戏的整个流程，比如开始游戏、结束游戏。通常，这个脚本会放到UI根节点Canvas上，如图2-12所示。

图2-12 新建脚本

02 编辑脚本GameController。在脚本中新增登录界面变量Panel_Login和开始游戏函数StartGame()，代码如下所示，语句Panel_Login.SetActive(false)实现了登录界面的关闭操作。

```csharp
/// <summary>
/// 游戏控制脚本
/// </summary>
public class GameController : MonoBehaviour
{
    //登录界面
    public GameObject panelLogin;
    // Start is called before the first frame update
    void Start()
    {

    }
    // Update is called once per frame
    void Update()
    {

    }
    /// <summary>
    /// 开始游戏函数
    /// </summary>
    public void StartGame()
    {
        panelLogin.SetActive(false);
    }
}
```

03 关联物体，如图2-13所示。

回到Unity，把Canvas拖进开始游戏按钮Button_Begin的Button组件的On Click()的引用物体上，并选择GameController脚本中的函数StartGame()。

图2-13　给开始按钮关联响应函数

把登录界面Panel_Login拖进脚本Game Controller的登录界面变量Panel_Login中，如图2-14所示。

图2-14　脚本关联登录界面

登录界面制作完成，如图2-15所示。

图2-15　登录界面制作完成

2.1.2　捕捉界面

通常情况下，一款游戏至少包含3个界面：登录界面、主城界面和战斗界面。《猫捉老鼠》的捕捉界面却充当了两个界面——主城界面和战斗界面，因此捕捉界面要有规范的设计。

目前，大多数游戏都采用了类似的界面布局。具体来看，一款游戏的战斗界面通常包含3个面板：角色面板、金币面板和控制面板。角色面板通常在游戏窗口的顶部，用于展示玩家等级、玩家名称和玩家头像等信息；金币面板通常也在游戏窗口的顶部，用于展示金币和钻石的数量信息；控制面板一般在游戏窗口的底部，分为左右两部分，分别是摇杆按钮和攻击按钮。

捕捉界面的布局设计如图2-16所示。

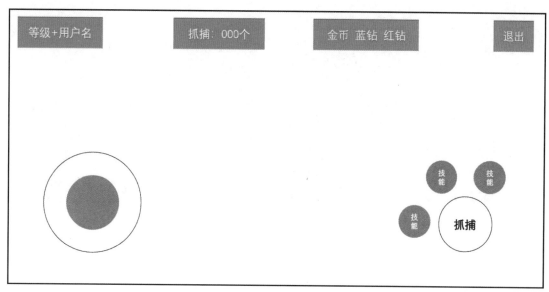

图2-16　捕捉界面的布局设计

摇杆面板的制作涉及角色移动的编程，将在第3章中讲解。本小节只制作抓捕面板和顶部面板（如角色条、捕捉信息、退出按钮等）。

1. 抓捕面板

（1）界面制作

此处未给猫捕捉老鼠设置技能，所以只制作一个抓捕按钮就可以了，如图2-17所示。

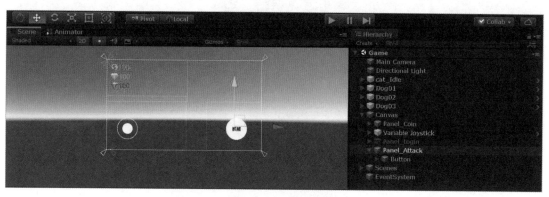

图2-17　抓捕面板

之前未给猫添加捕捉动作，当猫每次碰到老鼠时，游戏将判定猫捉到了老鼠。接下来会为猫加一个捕捉动作，最终实现的是，当玩家点击抓捕按钮时，会播放猫捕捉老鼠的动画。

（2）捕捉动画

01 打开猫的角色动画控制器Cat，在状态机中新建一个抓捕状态Attack，并把猫的动画片段Jump拖入Attack状态中，如图2-18所示。

图2-18　新建抓捕状态

02　添加两个动画切换条件——Idle->Attack和Walk->Attack，新建一个Trigger类型的状态过渡参数IsAttack。当触发器IsAttack被触发时，猫将从行走或站立状态切换到攻击状态。另外，添加一个攻击退出条件，不用为这个退出条件设置任何过渡参数。这里需要注意的是，图2-19所示界面右侧的Has Exit Time选项需要取消勾选，以保证攻击动作的及时性。

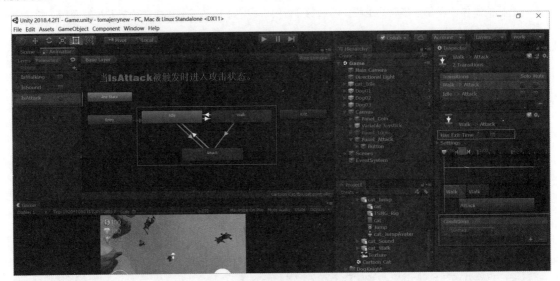

图2-19　攻击状态进入条件

（3）编写代码

01　在脚本GameController中，为抓捕按钮添加一个响应函数，在函数中实现捕捉动画的调用，具体代码如下。

```
/// <summary>
/// 捕捉函数
/// </summary>
public void Attack( )
{
    //触发动画过渡条件——IsAttack
    anim.SetTrigger("IsAttack");
}
```

02　为抓捕按钮添加响应事件，每点击一次抓捕按钮，播放一次攻击动画，如图2-20所示。

图2-20　为抓捕按钮的点击事件关联响应函数

到这里，猫的抓捕面板就制作成功了。

2. 顶部面板

顶部面板由4个部分组成，它们分别是角色条、捕捉信息、计分面板和退出按钮。其中，计分面板已经制作了，本小节将制作其他3个部分。

（1）角色条

在大多数的游戏中，玩家的角色条包含3个部分：玩家头像、玩家昵称和玩家等级。图2-21所示是一个制作完成的角色条。

图2-21　角色条

接下来，从零开始制作一个角色条。

01　新建一个角色条面板Panel_Player，并设置角色条面板的背景色和尺寸布局，如图2-22所示。

图2-22　设置角色条面板

02 在角色条面板下创建1个玩家昵称文本、1个玩家等级文本、1个玩家头像图片，并设置它们的尺寸和参数，如图2-23到图2-25所示。

图2-23 玩家昵称文本

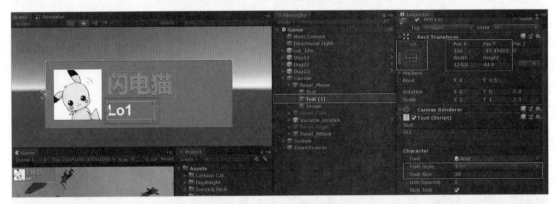

图2-24 玩家等级文本

图2-25 玩家头像图片

（2）捕捉信息

目前，捕捉信息只负责统计捕捉到的老鼠数量，抓捕面板以及捕捉信息的设置如图2-26和图2-27所示。

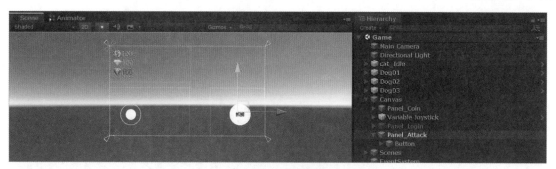

图2-26　抓捕面板

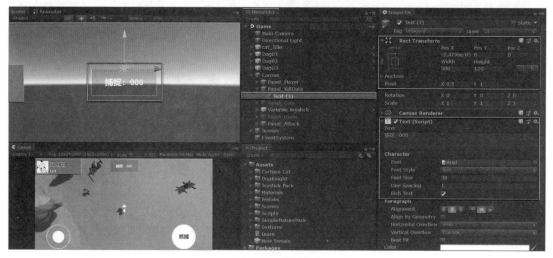

图2-27　捕捉信息

（3）计分面板

计分面板之前一直放在游戏窗口的左上角，下面把它调整到顶部靠右侧位置，并调整其尺寸大小。鉴于计分面板的制作已经实践过了，这里大家按照下载资源的工程文件中的数据调整即可。

经过调整之后，计分面板如图2-28所示，是不是感觉更有品位了。

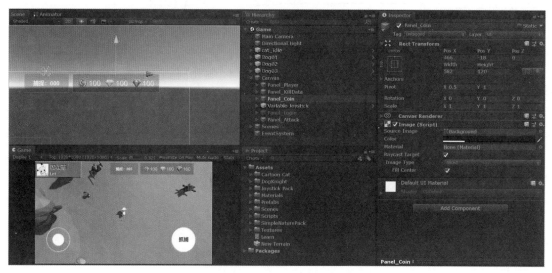

图2-28　计分面板的调整

（4）退出按钮

最后，把退出游戏按钮添加上。如图2-29所示，捕捉界面制作成功了，欣赏一下成果吧。

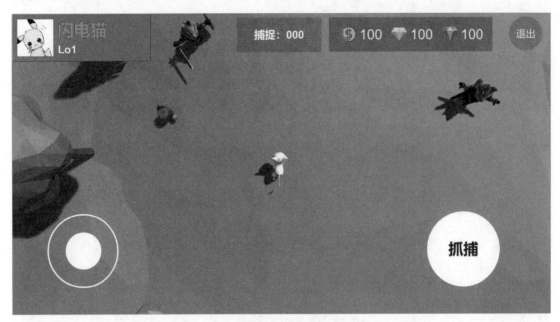

图2-29　捕捉界面

2.2　功能 UI 框架

上一节制作了一个基础UI界面，游戏界面的制作都这么简单吗？

一款手游的界面制作可没有那么简单，相反地却有很高的要求。在游戏开发中，界面制作相较于其他开发工作是最简单的工作，也是一项基本工作。那么，一款游戏的开发到底包含哪些工作呢？

一款游戏的开发工作包含两个部分：前端和后端。前端部分指的是使用Unity进行的开发工作，可以把前端的功能分为4个核心点，由浅入深分别是界面、逻辑、数据、网络。只要掌握了这4个核心点，一名程序员就离一份主程的工作不远了。

在游戏开发中，一名初级程序员的工作往往只涉及界面和逻辑两部分，比如商城模块和背包模块，这些均属于普通功能模块，第1章实践的正是这部分的内容。

一个中级程序员的工作则涉及了界面、逻辑、数据、网络这4个部分，他们负责的通常是核心功能模块，比如战斗模块。《猫捉老鼠》中的捕捉玩法就是战斗模块中的内容。

最后，相对重要的是，一个主程的职责是什么呢？主程需要从零搭建游戏的界面、逻辑、数据和网络这4个部分，先把游戏的第一版开发出来，搭建一个稳定可用的开发框架，然后其他人依据这个框架开发功能。

作为主程，需要搭建一个开发框架，让团队成员都能流畅地使用它。既然如此，框架必须简单、实用，而且不能有什么大问题。

准备好了吗？现在，从零开始实现一个UI框架吧。

2.2.1　界面层次结构

前文提到，一款游戏通常包含3个游戏场景，它们分别是登录场景、主城场景和战斗场景。其中，每个游戏场景都有各自的页面、窗口和弹窗。图2-30所示是一个游戏场景的层次结构。

游戏场景		
页面	页面	页面
窗口	窗口	窗口
弹窗	弹窗	弹窗

图2-30 游戏场景的层次结构

一个标准界面包含3级UI，其中页面是第1级UI，比如登录、主城和战斗就属于页面；窗口是第2级UI，比如英雄、背包和商城属于窗口；而弹窗则是第3级UI，比如登录成功或购买成功的提示就属于弹窗。

前面已经为游戏创建了登录界面和捕捉界面。接下来将为游戏新增1个主城界面，并在主城界面中添加1个商城窗口，再为商城窗口添加1个购买成功的提示弹窗。希望通过实践这个完整的UI界面，大家能对UI框架有一个清晰的认识。

1.主城界面

按照先制作界面后编写代码的方式，把界面制作出来。

一款游戏的主城界面有很多元素，不同类型的游戏又都不一样，因此先不着急制作。下面先来看几款游戏的主城界面。

图2-31和图2-32所示的这两款游戏分别是《QQ飞车》和《贪吃蛇大作战》。细细看来，不难发现两者的主城界面的结构很相似，几乎一样。

图2-31 《QQ飞车》

图2-32 《贪吃蛇大作战》

相同之处很明显，两者的主城界面都包含6个部分：第1个部分是位于主城界面左上角的玩家面板；第2个部分是位于主城界面右上角的经济面板；第3个部分是左侧中间部分的活动面板；第4个部分是右侧的玩法面板；第5个部分是位于左下角的聊天面板；第6个部分是位于右下角的功能面板。

只看移动游戏排行榜，这两款游戏都是经久不衰、经得起实战考验的经典游戏，以此为参照算是有凭有据了。

现在，为《猫捉老鼠》设计一个主城界面，该界面包括6个部分：玩家面板、经济面板、活动面板、玩法面板、聊天面板和功能面板。作为一款教学游戏，其主城界面要包含上述6个部分，但没有必要实现每个部分的所有按钮。

最终确定的主城界面，如图2-33所示。

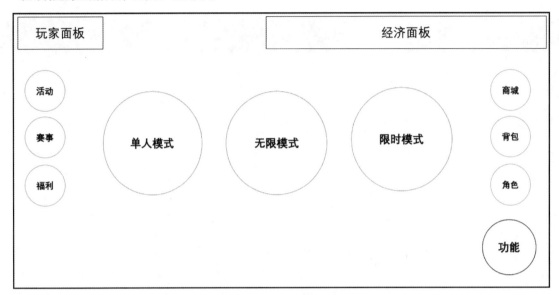

图2-33　主城界面

2. 背包界面

上文介绍了一个标准的主城界面是什么样子的，然而《猫捉老鼠》则不需要。准确地说，它根本不需要一个主城界面，为什么呢？

要回答这个问题，有必要先了解一下近年来比较流行的几种类型的游戏，比如沙盒类、Play-to-earn类、开放世界类等。其中，最流行的游戏类型是开放世界类，这类游戏中比较知名的有米哈游的《原神》，还有完美世界的《幻塔》等。当然，其他数据很好的开发世界类游戏还有很多，有兴趣的读者可以多尝试几款。尽管开放世界类游戏的流行和元宇宙有一定关系，但究其根本还是因为它能够给玩家更多的自由，让玩家在游戏世界里获得精神独立。

回到主线，既然把《猫捉老鼠》归类为开放世界类游戏，不为其添加主城界面，那问题来了，像背包、商城、角色等游戏必备窗口应该放到哪里呢？

好问题！

首先，开放世界类游戏的原则是让玩家沉浸在游戏世界中，游戏界面只保留最实用的功能，而且要放在最方便玩家使用的位置。

依据上述实用性原则，将为《猫捉老鼠》添加第一个窗口——背包窗口，因为游戏主角猫在开放世界中捕捉老鼠时会获得掉落的物品，背包窗口将用于展示游戏主角获得的这些物品。

依据上述最方便原则，将在《猫捉老鼠》的捕捉场景中确定背包按钮的一个位置，以方便玩家在玩游戏的同时可以随时查看收获。

现在，背包的功能和位置都确定了。接下来，一起来实现背包模块吧。

（1）背包按钮

回到Unity，在捕捉场景的右侧中间位置，新建一个背包按钮，将其命名为Button_Bag。将背包按钮的位置设置为（873.8,0,0），将其定位于右侧中间位置。将背包按钮的尺寸设置为（120,120），此为《猫捉老鼠》的功能按钮的统一尺寸，如图2-34所示。

图2-34 背包按钮

（2）背包参照图

还记得《猫捉老鼠》登录界面的制作过程吗？导入一张《王者荣耀》登录界面的截图作为参照图片，目的是为登录界面的按钮、文字等UI元素设定一个制作标准。这里也为背包窗口导入一张参照图片，其目的一样。但不一样的是，背包窗口的参照图片是《原神》的背包窗口的截图。

01 新建背包窗口Panel_Bag，并设置背包窗口的背景颜色为黑色半透明，透明度为100，如图2-35所示。全屏背景的目的是覆盖除了背包窗口之外的所有内容，这保证了玩家在和背包窗口交互时不能和其他功能交互。

图2-35 背包窗口的背景设置

图2-36所示是《原神》中背包窗口的截图，它的尺寸和《猫捉老鼠》背包窗口的一样，都是1920×1080。有两种获取图片的方式：手机截图和从网上下载。鉴于参照图片的尺寸必须是1920×1080，如果手机是1920×1080的屏幕，建议用手机截图；若不是，则从网上下载。

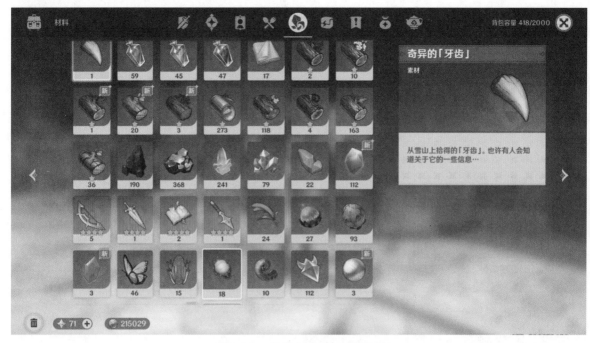

图 2-36 《原神》背包窗口的截图

正如练字的第一步是临摹名家字帖，UI 界面的制作亦是如此。《原神》背包窗口的结构很清晰，物品的分类和展示也都很简洁，《猫捉老鼠》的背包窗口将完全复制《原神》的背包窗口。《原神》的背包窗口中，位于顶部的是背包标题栏，其上有 9 个分类按钮，用于切换物品的种类；位于中间部分的是物品展示区，其左侧是某一类目下的全部物品，其右侧是当前被选中的物品的详细信息；位于底部的是物品的交互按钮，比如删除物品、使用物品等。

02 向文件夹 Textures 中导入《原神》背包窗口的截图，设置截图的图片类型 Texture Type 为 UI 类型 Sprite(2D and UI)，单击 Apply 按钮，如图 2-37 所示，导入完成。

图 2-37 导入参照图

03 在背包窗口 Panel_Bag 下新建 UI 物体 Image，在 UI 物体 Image 的 Image 组件的图片源参数 Source Image 中拖入参照图片，单击 Image 组件中的 Set Native Size 按钮，设置参照图的尺寸为 1920×1080，如图 2-38 所示。至此，参照图片的引用就完成了。

图2-38　添加参照图片

（3）分类标题栏

01　把参照图片设置为半透明，透明度为160，如图2-39所示。

图2-39　设置参照图片为半透明

02　参照《原神》背包窗口的截图制作顶部分类标题栏，其中图标和文字要一一对应，保证尺寸和位置精确匹配。把UI物体Image命名为Top，先设置Top的布局为顶部中间，再设置Top的Height为96.5，Pivot为（0.5,1），如图2-40所示。需要说明的是，设置标题栏Top的Anchors的Pivot为（0.5,1），开发者便能以标题栏Top的顶部中点为原点，灵活地拉伸标题栏的高度了。

图2-40　设置标题栏参数

03 依据参照图片新增9个分类图标、1个背包容量文本和1个关闭按钮，如图2-41所示。

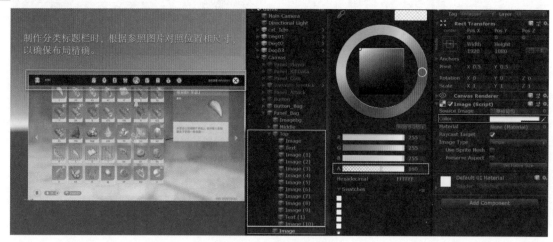

图2-41　制作分类标题栏

到这里，分类标题栏制作完成，如图2-42所示。

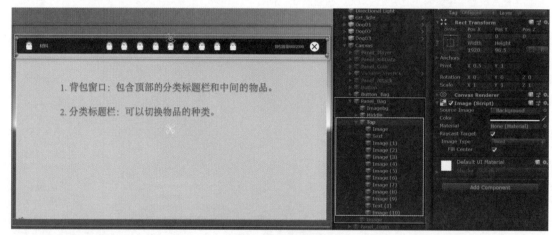

图2-42　分类标题栏

（4）物品展示区

物品展示区是用来展示物品及其信息的，所以这里需要制作的UI物体只有两个，它们分别是物品UI和信息窗口。需要说明的是，因为窗口和背景的制作方式和分类标题栏的大同小异，所以此处不再赘述。下面将专注于讲解物品UI和信息窗口的制作，如图2-43所示。

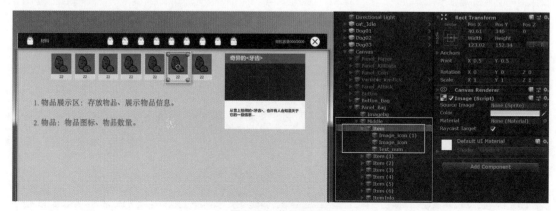

图2-43　物品展示区

◆ 物品 UI

物品 UI 包含 3 个 UI 物体：物品背景、物品图标和物品数量，如图 2-44 所示。尽管物品的分类有很多，每个分类下又包含了很多物体，但是所有物品 UI 都一样，只包含上述 3 个 UI 物体。这里只需要制作一个通用的物品 UI 就好，至于其他物品的 UI，可以在通用物品 UI 的基础上通过替换物品图标和物品数量来得到。

好了，现在来制作这个通用的物品 UI 吧。

在物品展示区 Middle 下新建一个 UI 物体 Image 作为物品 UI 的根物体，并将其重命名为 Item，尺寸设置为（123,152）。然后，在根物体 Item 下新建 3 个 UI 物体——物品背景、物品图标和物品数量，再分别将它们重命名为 Image_bg、Image_icon 和 Text_num，如图 2-45 所示。

图 2-44　物品 UI

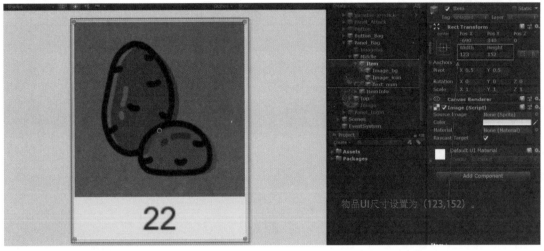

图 2-45　新建物品 UI

图 2-46 所示是物品 UI 的拆分图。

正如上文所述，物品背景是一个黑色半透明的图片，所有物品的背景都一样，不一样的是物品图标和物品数量，在后续代码中，将依据物品的不同，实时更换这两个物体。

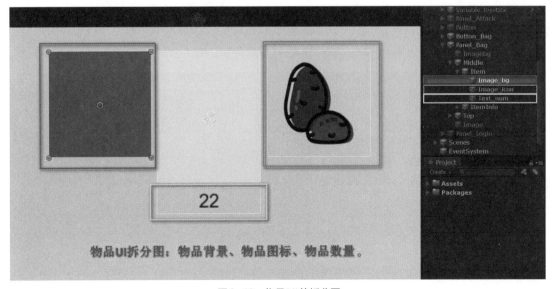

图 2-46　物品 UI 的拆分图

到这里，通用的物品UI就制作完成了。

◆ 信息窗口

信息窗口包含3个UI物体：物品名称、物品详图和物品介绍，如图2-47所示。由于所有物品的信息窗口均一样，所以只需要制作一个通用信息窗口即可。

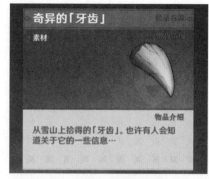

图2-47　物品信息窗口

01 新建UI物体Image，并将其重命名为ItemInfo，设置其布局为顶部中间top_center并将其锚点设置为（0.5,1），如图2-48所示。这可以保证当改变信息窗口的高度时，信息窗口的顶部将固定不动，而其底部则会随着拉伸而变动。

02 对照《原神》的参照图片，再创建3个UI物体：物品名称Text_title、物品详图Image_png和物品介绍Text_intro。另外，把物品"奇异的＜牙齿＞"的信息临时放到信息窗口中，如图2-48所示。

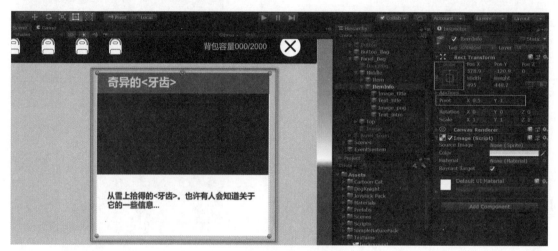

图2-48　信息窗口的设置

至此，信息窗口就创建完成了。

（5）制作完成

对照参照图片调整一下界面。这里还需要调整两处：第一，把上文制作的物品复制成两排，每排7个，并将它们排列到背包中；第二，把信息窗口放到对应的位置上。

《猫捉老鼠》的背包窗口制作成功了，最终效果如图2-49所示。

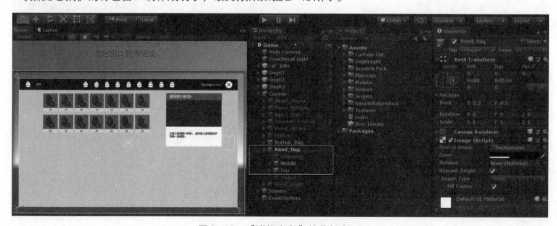

图2-49　《猫捉老鼠》的背包窗口

2.2.2　核心代码的实现

上一小节制作了《猫捉老鼠》的背包窗口，玩家们终于有一个像样点的背包了。可是，玩家们还无法使用背包，因为背包功能需要通过代码来实现。

本小节将编写背包窗口的核心代码，来实现背包的功能。通常，一个简单的背包包含3个功能点，它们分别是背包的打开和关闭、切换物品种类，以及物品的信息展示。其中，比较重要的是第2个和第3个功能点，因为这两点均涉及更高级的UI控制逻辑。

欲穷千里目，更上一层楼。接下来，一起踏上新征程吧。

开始编写代码前，照旧还是先梳理背包模块的功能。通常，玩家用背包是为了存放物品，所以背包的功能往往很简单。例如，玩家饿了体力不支，于是打开背包找了一瓶生命水，喝了生命水之后关闭背包，玩家又元气满满地开始了新战斗。整个过程，尽管关于背包的操作只有3个，即被打开、玩家使用其中的物品、被关闭，但这已经算是背包的全部功能了。

尽管简单，但背包毕竟是一个独立的功能模块，由于《猫捉老鼠》已经有了许多功能模块，因此新增背包模块的时候要避免对游戏其他模块产生过多的影响，同时还要降低与游戏其他模块的耦合度，以保证它是一个真正独立的模块。

编写一个独立的功能模块的代码，必须先设计好其代码架构。这里将采用最普通的也是使用范围最广泛的代码架构——MVC。

MVC到底是什么架构?

MVC是指一个包含模型层Model、视图层View、控制层Controller的开放框架。随着应用类型的扩展和不断实践的积累，MVC的具体框架已经发生了巨大的变化，但它的开发思想一直没变。现在，无论一个MVC框架的具体组合是什么样子，它的思路都是用3个层的相互配合和依赖来实现模块的功能。

具体来看，MVC开发框架的思路是：第一，当用户与界面有交互时，视图层负责接收这个交互，同时向控制层获取这个交互的响应逻辑；第二，控制层收到视图层的请求之后，会先向模型层调取数据，把响应逻辑和数据一并交给视图层，视图层把结果返回给用户，至此才完整地实现了一次用户交互；第三，模型层是用于管理和存放模块数据的层，不包含模块的功能逻辑。开发中，三者既相互依赖，共同实现模块的功能，又相互独立，各自负责各自的工作，不影响其他层的工作。

《猫捉老鼠》的背包模块将按照图2-50所示的MVC框架来开发。

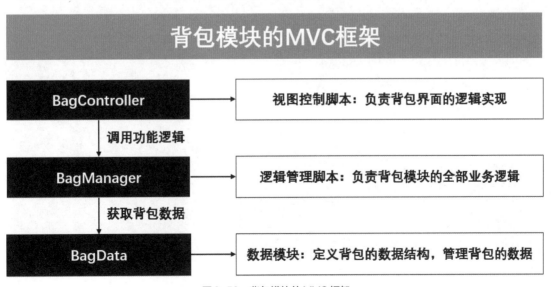

图2-50　背包模块的MVC框架

1.实现背包的打开和关闭

前文在游戏中创建了一个整体控制脚本GameController，控制游戏的各个界面的切换逻辑都将写在脚本 GameController中，比如角色、商城及任务等窗口的显示和关闭逻辑。因此，背包窗口的打开和关闭逻辑也应该 写在GameController中。

（1）编写代码

打开VS，先实现背包的打开逻辑。

在脚本GameController中新建公共变量Panel_Bag，后面将在外部把背包窗口Panel_Bag赋值给该新变量。

```
/// <summary>
/// 背包窗口
/// </summary>
public GameObject Panel_Bag;
```

在脚本GameController中新建背包按钮Button_Bag的点击响应函数OnBagBtnClick()，并在其内部实现背包 的打开逻辑。当用户点击背包按钮时，将调用函数OnBagBtnClick()来打开背包。

```
/// <summary>
/// 点击背包按钮,打开背包
/// </summary>
public void OnBagBtnClick()
{
    Panel_Bag.SetActive(true);
}
```

好了，背包的打开逻辑添加成功了。

接下来，实现关闭逻辑。

在文件夹Scripts下新建文件夹Bag，在文件夹Bag下新建背包模块的控制脚本BagController，背包的关闭 代码将写在该脚本中，如图2-51所示。

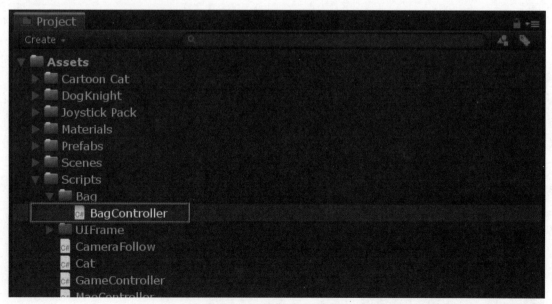

图2-51　背包模块的控制脚本

打开VS,在脚本BagController中新建关闭按钮响应函数OnCloseBtnClick(),该脚本将实现背包的关闭逻辑。

```
/// <summary>
/// 当用户点击关闭按钮时,背包关闭
/// </summary>
public void OnCloseBtnClick()
{
    this.gameObject.SetActive(false);
}
```

到这里,背包的打开和关闭代码就都写完了。

（2）关联脚本

回到Unity,这里需要添加的关联有3处。

①把背包窗口Panel_Bag指定给Game Controller的背包变量Panel_Bag;

②为背包按钮Button_Bag添加点击响应函数OnBagBtnClick();

③为背包的关闭按钮Button_Close添加点击响应函数OnCloseBtnClick()。

首先,把背包窗口Panel_Bag指定给脚本的背包变量,如图2-52所示。

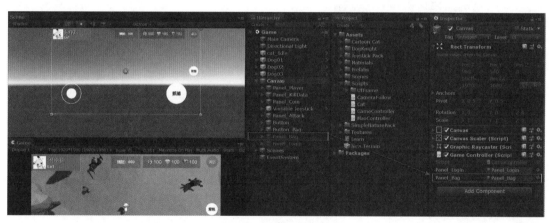

图2-52　背包窗口引用

其次,把脚本GameController指定给背包按钮的On Click(),然后为背包按钮添加点击响应函数OnBagBtnClick(),如图2-53~图2-55所示。

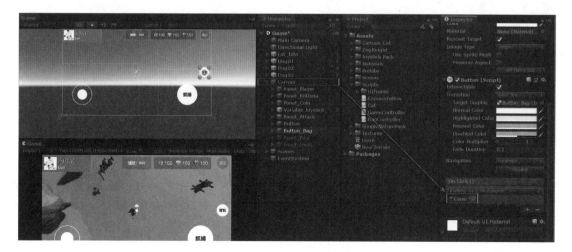

图2-53　为背包按钮添加引用脚本

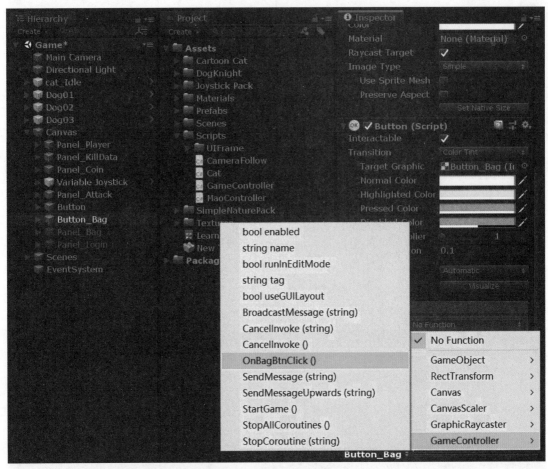

图2-54　选择点击响应函数

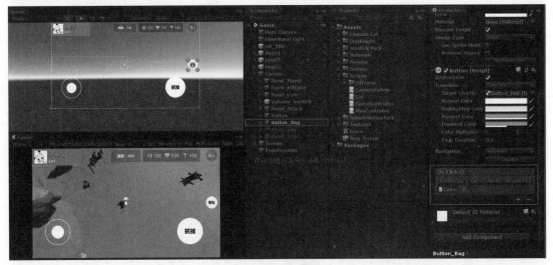

图2-55　引用成功

　　最后，为背包的关闭按钮添加点击响应函数，实现关闭功能。如图2-56～图2-58所示，这里先把脚本BagController指定给背包窗口Panel_Bag，再找到背包窗口中的关闭按钮，并将其重命名为Button_Close，然后就可以为关闭按钮指定点击响应函数了。

图2-56　为背包窗口添加控制脚本

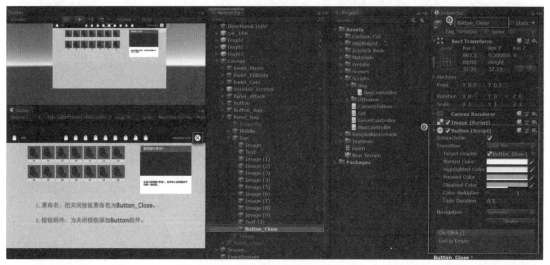

图2-57　修改背包的关闭按钮

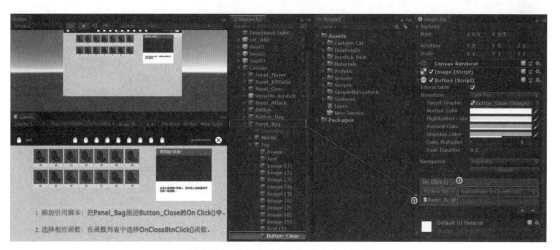

图2-58　为关闭按钮添加点击响应函数

终于，背包的打开和关闭功能制作完成了。

运行游戏，看看实践成果吧，如图2-59和图2-60所示。

如果运行结果和书中截图一致，那么恭喜你，《猫捉老鼠》的背包制作成功了。

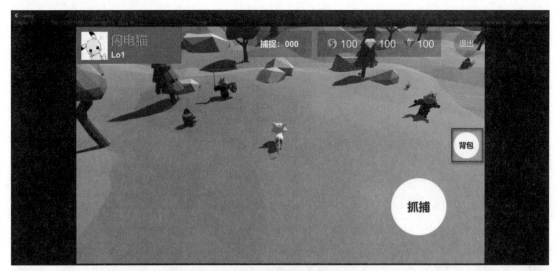

图2-59　背包打开前

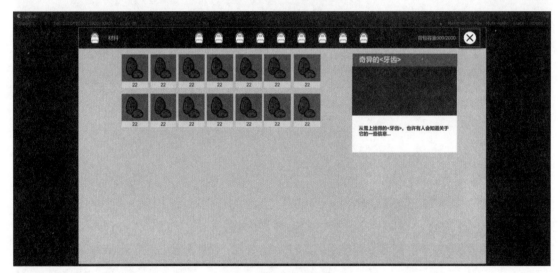

图2-60　背包打开后

2. 切换物品的种类

开始编写代码之前，要先理解背包种类的切换逻辑。为了方便玩家查看和使用物品，大多数游戏的物品会被分为多个种类，比如皮肤类、食物类和武器类等。同时背包当中的物品需要分类展示，比如当玩家点击某一个物品种类时，背包将只展示这个种类的物品，而不展示其他种类的物品。

综上所述，《猫捉老鼠》的物品展示有如下两条规则。

①物品共分为3类——食物类、武器类和皮肤类。

②当玩家点击食物类按钮时，背包中只展示食物；当玩家点击武器类按钮时，背包中只展示武器；皮肤亦是如此。

背包界面已经制作完成了，下面开始编写脚本。

（1）实现背包的控制脚本 BagController

打开VS，在脚本BagController中新增3个变量：全部物品列表ItemList、物品预制体ItemPrefab、物品父物体ItemParent。

```
/// <summary>
/// 全部物品列表
/// </summary>
public List<Item> ItemList = new List<Item>();
/// <summary>
/// 物品预制体
/// </summary>
public GameObject ItemPrefab;
/// <summary>
/// 物品父物体
/// </summary>
public Transform ItemParent;
```

后续实践会用到这3个新变量，届时会阐明它们的用途。所需变量皆已齐备，接下来开始编写功能函数。

在脚本BagController中，新增3个函数：初始化函数Init()、背包刷新函数RefreshUI()和种类切换按钮的响应函数OnTypeBtnClick()。这3个函数分别实现不同的功能，相互配合，最终将一起实现背包物品的种类切换功能。

下面是这3个函数的功能。

①初始化函数Init()。当玩家打开背包时，该函数将初始化背包窗口，玩家将看到默认种类的物品展示在背包中。

②背包刷新函数RefreshUI()。该函数负责刷新背包。

③种类切换按钮的响应函数OnTypeBtnClick()。当玩家点击物品种类按钮时，该响应函数将执行，并调用背包刷新函数RefreshUI()。

背包初始化函数Init()的代码如下所示。

```
/// <summary>
/// 初始化背包物品
/// </summary>
void Init()
{
    //背包管理脚本先获取到背包物品列表
    BagManager.Instance.InitData();
    //把背包管理脚本中的物品列表，赋值给背包控制脚本中的物品列表
    ItemList = BagManager.Instance.bagdate;
    //判断物品列表是否为空，若为空则打印日志并不再继续执行
    if (ItemList == null)
    {
        Debug.Log("Item is null");
        return;
    }
    int j = 0;
    //遍历背包物品列表
    foreach (Item item in ItemList)
    {
        //若取出的物品的类型是皮肤，则继续执行，背包将展示皮肤类的物品
        if ((BagItemType)item.type == BagItemType.skin)
        {
            //实例化一个物品
            GameObject obj = Instantiate<GameObject>(ItemPrefab);
```

```
            //把物品放到父物体下
            obj.transform.SetParent(ItemParent);
            //依据j排列物品，意思是把物品排列成水平的等间距的一排
            obj.transform.localPosition = new Vector3(-690 + j * 140, 340, 0);
            //初始化物品UI上的信息——物品图标和物品数量
            obj.GetComponent<ItemController>().Init(item);
            j++;
        }
    }
    j = 0;
}
```

其中值得注意的是，新脚本BagManager是背包的管理脚本，用于实现背包的实际逻辑，同时负责读取数据层的物品数据。BagManager脚本的用法如下所示。

```
//背包管理脚本先获取到背包物品列表
BagManager.Instance.InitData();
```

通常情况下，一个脚本调用函数的用法是BagManager.InitData()，而此处BagManager类后面却跟了一个Instance，这是什么意思呢？

实际上，当碰到这种情况时，基本上可以断定该类是一个单例类，也就是说，BagManager类是一个单例类。相较普通类，单例类在应用中只有一个实例，而普通类却可以有无数个实例。无数个实例不好吗？为什么要保证某个类的实例的唯一性呢？这是因为，一个功能模块的数据会时刻变化，如果一个功能模块有多个实例，程序便无法分辨哪一个实例的数据是最新的，这会导致数据更新不及时。但是，当一个功能模块的数据存放在唯一的实例中，无论读取数据还是更新数据，如果程序只调用这个唯一的实例，就能保证这个实例永远是最新的。

背包刷新函数RefreshUI()的代码如下所示。

```
/// <summary>
/// 刷新背包界面或者切换种类
/// </summary>
 void RefreshUI(BagItemType type)
{
    for(int i=0;i<ItemParent.childCount; i++)
    {
        Destroy(ItemParent.GetChild(i).gameObject);
    }
    int j = 0;
    //遍历背包物品列表
    foreach (Item item in ItemList)
    {
        //如果找到玩家选择的物品种类，则继续执行，背包将展示该类物品
        if ((BagItemType)item.type == type)
        {
            //实例化一个物品图标
            GameObject obj = Instantiate<GameObject>(ItemPrefab);
            //放到物品父物体下
            obj.transform.SetParent(ItemParent);
            //依据j排列物品图标，意思是把物品排列成水平等间距的一排
            obj.transform.localPosition = new Vector3(-690+j*140,340,0);
```

```
            j++;
        }
    }
    j = 0;
}
```

上述代码中需要注意的有两个地方：第1个是销毁函数Destroy()，它负责在展示其他类物品前，把目前在背包中的物品清空；第2个是if ((BagItemType)item.type == type)语句，这条语句的意思是，当列表中取出的物品的类型正好是玩家选择的类型，则展示这个物品。

物品种类按钮的点击响应函数OnTypeBtnClick()的代码如下所示。

```
/// <summary>
/// 点击类型，切换背包物品
/// </summary>
/// <param name="type">玩家点击的是哪一个分类</param>
public void OnTypeBtnClick(int type)
{
    //调用背包刷新函数，传入参数type
    RefreshUI((BagItemType)type);
}
```

到这里，背包控制脚本BagController终于编写完成了。

（2）实现背包管理脚本 BagManager

回到Unity，在文件夹Scripts>Bag下新建脚本BagManager，双击该脚本打开VS。

如前文所述，当用户点击背包的分类按钮时，实际上是在和背包控制脚本交互，而背包控制脚本没有实现背包的核心逻辑，即物品分类逻辑和物品数据整理逻辑，它需要调用背包管理脚本BagManager来实现背包的核心逻辑；背包管理脚本通过调用数据层找到背包的物品数据，再把这些数据分类发送给背包控制脚本，最终用户才能看到所选的某一类物品。所以，背包管理脚本才是背包的核心脚本。

背包管理脚本BagManager要实现的逻辑有如下3个。

①定义物品类，一个物品包含6个变量：编号、类型、名字、数量、图片、介绍。

②定义物品类型，游戏的物品分为3类：食物类、武器类和皮肤类。

③管理功能：从数据层获取全部物品列表，并把物品分类整理，以方便背包控制脚本调用。

背包管理脚本BagManager的代码如下所示。

```
using System.Collections;
using System.Collections.Generic;
using UnityEngine;

/// <summary>
/// 背包物品类型
/// </summary>
public enum BagItemType
{
    food=1,//食物
    weapon=2,//武器
    skin=3//皮肤
```

```
}
/// <summary>
/// 物品
/// </summary>
public class Item
{
    public int id;
    public int type;
    public string name;
    public int num;
    public string icon;
    public string introduction;

    public Item(int Id,int Type,string Name,int Num,string Icon,string Intro)
    {
        id = Id;
        type = Type;
        name = Name;
        num = Num;
        icon = Icon;
        introduction = Intro;
    }
}
/// <summary>
/// 背包管理脚本
/// </summary>
/// <typeparam name="BagManager"></typeparam>
public class BagManager: Singleton<BagManager>
{
    /// <summary>
    /// 背包全部物品列表
    /// </summary>
    public List<Item> bagdate = new List<Item>();
    /// <summary>
    /// 测试专用——本地数据
    /// </summary>
    public Item item01 = new Item(1,1,"食物一",28,"foodicon","生命水");
    public Item item02 = new Item(2,1,"食物二", 38, "foodicon", "米饭");
    public Item item03 = new Item(3,1,"食物三", 48, "foodicon", "西红柿炒鸡蛋");
    public Item weapon01 = new Item(1, 2, "武器一", 28, "weaponicon", "匕首");
    public Item weapon02 = new Item(2, 2, "武器二", 38, "weaponicon", "长枪");
    public Item weapon03 = new Item(3, 2, "武器三", 48, "weaponicon", "双节棍");
    public Item weapon04 = new Item(4, 2, "武器四", 58, "weaponicon", "青龙偃月刀");
    public Item skin01 = new Item(1, 3, "皮肤一", 28, "skinicon", "披风");
    public Item skin02 = new Item(2, 3, "皮肤二", 38, "skinicon", "战甲");
    public Item skin03 = new Item(3, 3, "皮肤三", 48, "skinicon", "帽子");
    public Item skin04 = new Item(4, 3, "皮肤四", 38, "skinicon", "靴子");
    public Item skin05 = new Item(5, 3, "皮肤五", 48, "skinicon", "发型");

    /// <summary>
    /// 初始化背包数据
```

```
    /// </summary>
    public void InitData()
    {
        bagdate.Add(item01);
        bagdate.Add(item02);
        bagdate.Add(item03);
        bagdate.Add(weapon01);
        bagdate.Add(weapon02);
        bagdate.Add(weapon03);
        bagdate.Add(weapon04);
        bagdate.Add(skin01);
        bagdate.Add(skin02);
        bagdate.Add(skin03);
        bagdate.Add(skin04);
        bagdate.Add(skin05);
    }
}
```

不难发现，脚本并没有真正地实现第3个逻辑，即从数据层获取全部物品数据。这点需要说明一下，当前项目中并没有搭建数据层，项目上的原因是没有大量的数据需要管理，教学上的原因是数据层对本章来说太复杂，后续会讲。

这里选择一个替代方案：在脚本中创建一个临时的物品列表，后面会被替换掉。因此这组数据被称为本地测试数据，也可以称为假数据。

下面先讲解这个替代方案的由来。在大多数游戏公司中，一款游戏的更新周期是3到4个星期，Unity程序员在开发功能时必须和服务器程序员联调，并且要从服务器获取游戏数据。可是，在开发功能的第1个星期里，由于前端和后端的代码都未写完，Unity程序员和服务器程序员无法联调。这要求Unity程序员制造本地测试数据，来检验自己编写的逻辑是否正确。

因为这个替代方案很实用，使用者越来越多，所以它逐渐受到开发者们的认可。但是有了真实数据之后，一定要去掉这些假数据，否则会扰乱正常功能。

（3）调整场景关联脚本

物品分类展示的功能关系到背包窗口的分类标题栏和物品展示区，因此需要调整的地方有两处，分别是物品展示区和分类标题栏。

物品展示区的调整有两点：第1个是物品预制体的制作；第2个是控制脚本BagController的变量引用。

首先，调整物品展示区。

当玩家打开背包时，背包刷新出默认分类下的物品；当玩家选择了某一个物品分类时，背包会先清空当前正在展示的物品，再刷新出新选择的分类下的物品。这就要求，在每次刷新背包的时候，背包依据玩家选择的分类实时地刷新出物品来，代码中已经实现了这个逻辑。下面只需要制作物品预制体，并将它赋值给背包控制脚本BagController中的物品预制体变量ItemPrefab。

01 回到Unity，把物品Item拖入工程面板的文件夹Prefabs中，使之成为一个预制体，然后将场景中的物品Item删除。

02 在背包窗口Panel_Bag>Middle下，新建空物体并将其重命名为ItemParent，该物体是物品的父物体，物品被刷新出来之后，都要放到该父物体之下。

03 把物品预制体拖入背包窗口Panel_Bag的脚本Bag Controller的物品预制体变量Item Prefab中，完成物品预制体变量的引用；把物品父物体ItemParent拖入脚本Bag Controller的物品父物体变量Item Parent中，完成物品父物体变量的引用。

上述操作如图2-61和图2-62所示。

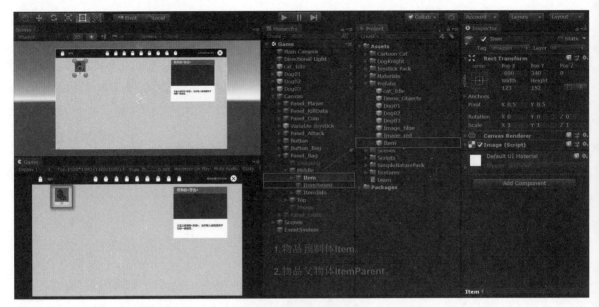

图2-61　物品预制体的制作

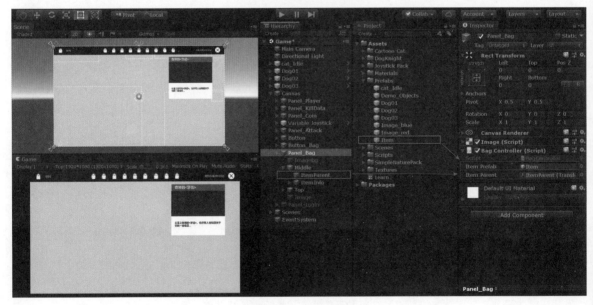

图2-62　脚本变量的引用

其次，调整分类标题栏。

01 分类标题栏中共有9个分类按钮，把第1个分类按钮设定为食物类，将背包窗口Panel_Bag>Top下的Image（1）重命名为Button_food，并为其添加Button组件。

02 把背包窗口Panel_Bag拖入Button_food的Button组件的On Click()中，并选择点击响应函数OnTypeBtnClick()，参数设为1，如图2-63所示。

03 把第2和第3个分类按钮分别改为Button_weapon和Button_skin，并重复上述两个步骤，最后将两者的参数分别设为2和3。

标题栏的设置就完成了，运行效果如图2-64所示。

图2-63 引用变量

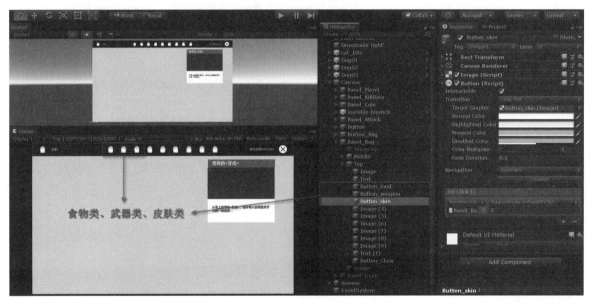

图2-64 分类标题栏

至此，背包的分类展示功能就实现了。

由于背包中的食物类物品有3个、武器类物品有4个、皮肤类物品有5个，所以当玩家切换3个分类按钮时，背包将分别展示3个、4个和5个物品。如果你的运行结果正好如此，那么恭喜你，你的实践成功了。

3. 物品的信息展示

物品的信息展示模块包含两个功能：第1个是物品的UI信息，当玩家打开背包的时候，背包中的物品UI需要展示物品图标和物品数量；第2个是物品的信息展示窗口，当玩家点击背包中的某个物品时，信息展示窗口将展示被选中的物品的详细信息。下面先来实现物品的UI信息。

（1）物品的UI信息

通常情况下，游戏背包中的每个物品的图标都不一样，食物类物品使用食物图标，武器类物品使用武器图标，而皮肤类物品使用的是皮肤图标。目前《猫捉老鼠》中的所有物品全都使用了相同的物品图标，如图2-65所示。这是不正确的。下面来为物品添加正确的图标。

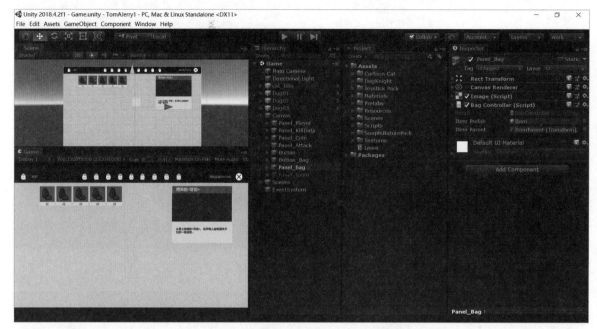

图2-65　物品图标

一个物品的UI包括两个组件：物品图标和物品数量文本。下面是为物品添加UI信息的逻辑点。

①游戏的物品一共有3类，这里为每一类指定一个图标。

②用物品脚本来给物品的图标和数量赋值。

③当物品被实例化的时候，背包控制脚本负责调用物品脚本的初始化函数，为物品的UI信息赋值。

01 在文件夹Scripts/Bag中新建脚本ItemController，双击打开脚本。首先，新增物品图标变量Image itemIcon 和物品数量变量Text itemNum；其次，实现物品初始化函数Init()。最终脚本如下所示。

```
using System.Collections;
using System.Collections.Generic;
using UnityEngine;
using UnityEngine.UI;

/// <summary>
/// 物品脚本
/// </summary>
public class ItemController : MonoBehaviour
{
    /// <summary>
    /// 物品图标
    /// </summary>
    public Image itemIcon;
    /// <summary>
    /// 物品数量
    /// </summary>
    public Text itemNum;
    /// <summary>
```

```
/// 物品的初始化函数
/// </summary>
/// <param name="item">物品</param>
public void Init(Item item)
{
    //保存物品数据到当前物品
    CurItem = item;
    //把图片加载进工程，并将其赋值给物品图标
    itemIcon.sprite = Resources.Load<Sprite>(item.icon);
    itemIcon.SetNativeSize();
    //将物品数量显示到物品UI上。
    itemNum.text = item.num.ToString();
}
// Start is called before the first frame update
void Start()
{

}
// Update is called once per frame
void Update()
{

}
}
```

02 回到Unity，为脚本变量添加引用物体，如图 2-66 所示。

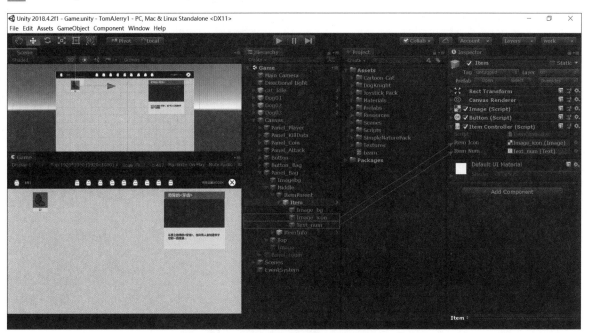

图2-66　为脚本变量添加引用物体

03 当玩家打开背包的时候，背包控制脚本BagController将先实例化出默认分类下的物品，再对物品进行初始化操作。物品的初始化代码如下所示。

```
// 初始化物品 UI 上的两个信息：物品图标和物品数量
obj.GetComponent<ItemController>().Init(item);
```

打开脚本BagController，脚本中对物品进行实例化的操作有两处，分别在函数Init()和函数RefreshUI()中，下面在这两个地方添加物品的初始化代码，如下所示。

```
/// <summary>
/// 初始化背包物品
/// </summary>
void Init()
{
    //背包管理脚本先获取到背包物品列表
    BagManager.Instance.InitData();
    //把背包管理脚本中的物品列表，赋值给背包控制脚本中的物品列表
    ItemList = BagManager.Instance.bagdate;
    //判断物品列表是否为空，若为空则打印日志并不再继续执行
    if (ItemList == null)
    {
        Debug.Log("Item is null");
        return;
    }
    int j = 0;
    //遍历背包物品列表
    foreach (Item item in ItemList)
    {
        //若取出的物品的类型是皮肤，则继续执行，背包将展示皮肤类的物品
        if ((BagItemType)item.type == BagItemType.skin)
        {
            //实例化一个物品
            GameObject obj = Instantiate<GameObject>(ItemPrefab);
            //把物品放到父物体下
            obj.transform.SetParent(ItemParent);
            //依据j排列物品，意思是把物品排列成水平的等间距的一排
            obj.transform.localPosition = new Vector3(-690 + j * 140, 340, 0);
            //初始化物品UI上的信息——物品图标和物品数量
            obj.GetComponent<ItemController>().Init(item);
            j++;
        }
    }
    j = 0;
}
/// <summary>
/// 刷新背包界面，或者切换物品种类。
/// </summary>
void RefreshUI(BagItemType type)
{
    for(int i=0;i<ItemParent.childCount; i++)
    {
        Destroy(ItemParent.GetChild(i).gameObject);
    }
    int j = 0;
    //遍历背包物品列表
```

```
foreach (Item item in ItemList)
{
        //找到玩家选择的物品种类，则继续执行，背包将展示该类物品
        if ((BagItemType)item.type == type)
        {
            //实例化一个物品
            GameObject obj = Instantiate<GameObject>(ItemPrefab);
            //把物品放到父物体下
            obj.transform.SetParent(ItemParent);
            //依据j排列物品图标，意思是把物品排列成水平的等间距的一排
            obj.transform.localPosition = new Vector3(-690 + j * 140, 340, 0);
            //初始化物品UI上的信息——物品图标和物品数量
            obj.GetComponent<ItemController>().Init(item);
            j++;
        }
    }
    j = 0;
}
```

至此，物品的UI信息的展示就制作完成了，如图2-67所示。

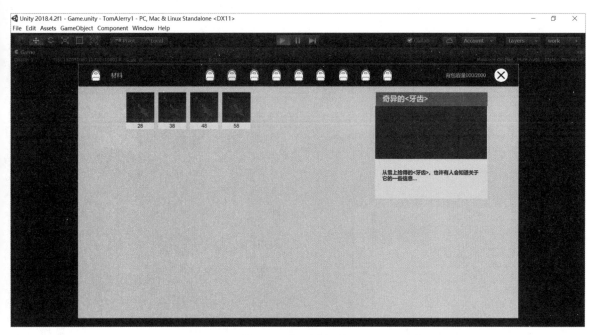

图2-67　武器类物品的UI

（2）物品的信息展示窗口

物品的信息展示窗口的逻辑功能，如下所示。

①物品要可以被点击，所以需要为物品添加按钮组件。

②物品的信息展示窗口中需要展示物品图标和物品数量，因此需要一个信息窗口控制脚本来展示物品信息。

③物品的信息窗口中的信息会随着玩家点击不同的物品发生变化，因此信息窗口控制脚本还要能控制物品信息的切换。

01 把物品Item预制体拖进结构面板，然后在其上添加Button组件，如图2-68所示。预制体修改完后切记要保存，具体操作是在其监视器面板右上角单击Overrides下拉列表框，单击Apply All按钮，即可保存，如图2-69所示。

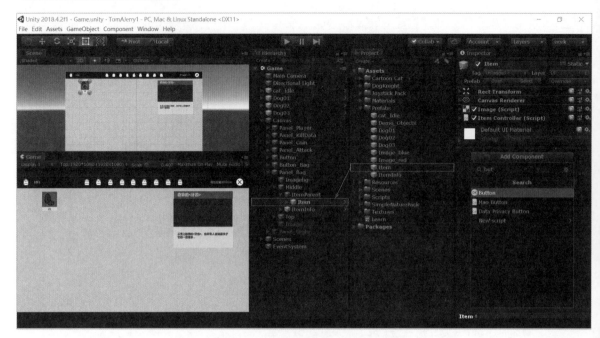

图2-68　为Item预制体添加Button组件

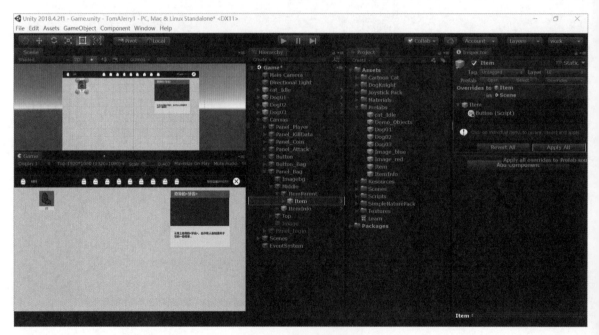

图2-69　保存物品预制体

02　在文件夹Bag中新建脚本ItemInfoController，用于信息窗口控制其展示物品详情。

双击打开脚本。先定义3个变量：第1个是窗口标题Text title；第2个是物品图片Image png；第3个是物品介绍Text intro。然后实现窗口的初始化函数Init()，一并实现窗口的刷新函数RefreshUI()。最终脚本的代码如下所示。

```
using System.Collections;
using System.Collections.Generic;
using UnityEngine;
using UnityEngine.UI;
/// <summary>
```

```csharp
/// 物品信息窗口控制脚本
/// </summary>
public class ItemInfoController : MonoBehaviour
{
    /// <summary>
    /// 窗口标题
    /// </summary>
    public Text title;
    /// <summary>
    /// 物品图片
    /// </summary>
    public Image png;
    /// <summary>
    /// 物品介绍
    /// </summary>
    public Text intro;
    /// <summary>
    /// 窗口初始化函数
    /// </summary>
    /// <param name="item">要展示的物品数据</param>
    public void Init(Item item)
    {
        //物品名字展示在窗口标题上
        title.text = item.name;
        //物品图片展示在窗口图片位置
        png.sprite = Resources.Load<Sprite>(item.icon);
        //物品介绍展示在窗口底部文字内容位置
        intro.text = item.introduction;
    }
    /// <summary>
    /// 窗口刷新函数
    /// </summary>
    /// <param name="item">要展示的物品数据</param>
    public void RefreshUI(Item item)
    {
        //物品名字展示在窗口标题上
        title.text = item.name;
        //物品图片展示在窗口图片位置
        png.sprite = Resources.Load<Sprite>(item.icon);
        //物品介绍展示在窗口底部文字内容位置
        intro.text = item.introduction;
    }
    void Awake()
    {
        //代码启动时，开始监听-物品被点击的事件onItemClick，若监听到这个事件则信息窗口执行窗口刷
新函数RefreshUI
        EventManager.Instance.onItemClick += RefreshUI;
    }

    void OnDestroy()
    {
        //代码销毁后，信息展示窗口将不再监听物品被点击事件
```

```
        EventManager.Instance.onItemClick -= RefreshUI;
    }
    // Start is called before the first frame update
    void Start()
    {

    }
    // Update is called once per frame
    void Update()
    {

    }
}
```

03 最后，把该脚本拖到Panel_Bag>Middle>ItemInfo上，并为该脚本关联物体。最终关联结果如图2-70所示。

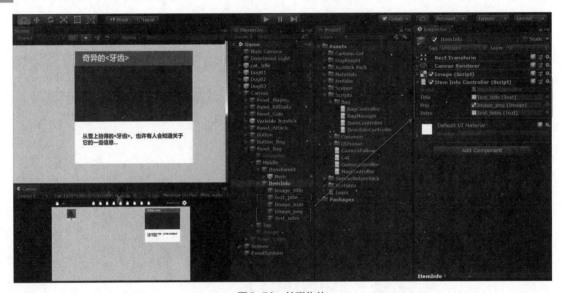

图2-70　关联物体

04 当玩家点击物品时，信息窗口才会展示该物品的信息。在脚本ItemController中新增变量Item CurItem，用于存储当前物品。在脚本中新增物品点击响应函数OnItemClick()，将当前物品传递给物品的信息窗口。修改后的最终代码如下所示。

```
/// <summary>
/// 物品脚本
/// </summary>
public class ItemController : MonoBehaviour
{
    /// <summary>
    /// 当前物品
    /// </summary>
    public Item CurItem;
    /// <summary>
    /// 物品图标
    /// </summary>
    public Image itemIcon;
```

```
/// <summary>
/// 物品数量
/// </summary>
public Text itemNum;
/// <summary>
/// 物品的初始化函数
/// </summary>
/// <param name="item">物品</param>
public void Init(Item item)
{
    //保存物品数据到当前物品
    CurItem = item;
    //把图片加载进工程，并将其赋值给物品图标
    itemIcon.sprite = Resources.Load<Sprite>(item.icon);
    itemIcon.SetNativeSize();
    //将物品数量显示到物品UI上
    itemNum.text = item.num.ToString();
}
// Start is called before the first frame update
void Start()
{

}
// Update is called once per frame
void Update()
{

}
/// <summary>
/// 点击物品将调用的响应函数
/// </summary>
public void OnItemClick()
{
    //发送物品被电击事件，并将当前物品信息传递给物品的信息展示窗口
    EventManager.Instance.OnItemClickEvent(CurItem);
}
}
```

上述代码中需要说明的是，函数OnItemClick()用到了事件机制EventManager。添加了事件机制之后，物品的信息展示逻辑是：当玩家点击物品时，点击响应函数OnItemClick()将发送一个事件——物品被点击。而这时，因为信息窗口一直在监听这个事件，所以信息窗口将会接收这个事件，同时刷新窗口以展示被点击的物品。

既然信息窗口要一直监听事件——哪一个物品被点击，那么信息窗口控制脚本ItemInfoController要添加监听代码，监听代码如下所示。

```
void Awake()
{
    //代码启动时，开始监听物品被点击的事件onItemClick，若监听到这个事件则信息窗口执行窗口刷新函数RefreshUI
    EventManager.Instance.onItemClick += RefreshUI;
}
void OnDestroy()
```

```
{
    //代码销毁后，信息展示窗口将不再监听物品被点击事件
    EventManager.Instance.onItemClick -= RefreshUI;
}
```

至此，物品的信息展示窗口就制作完成了。大家可以运行游戏测试结果了，如图2-71所示。

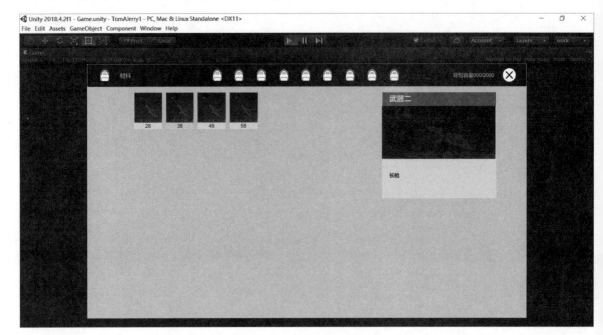

图2-71　物品的信息展示窗口

2.2.3　辅助代码的实现

本小节将学习《猫捉老鼠》背包制作过程中涉及的两个高级架构：第1个是单例模式；第2个是事件机制。尽管主线任务已经使用了这两个架构，但没有进行详细介绍。原因有两个方面：一方面是确保大家的思路一直以主线任务为主，防止思路发散；另一方面，这两个架构均非常重要，几乎在每一款游戏或XR项目中都会用到，所以用独立的小节来讲解。除了上述两个架构，本小节还会涉及一个知识点，即Resource资源的动态加载，这亦是手游开发的必备知识。

通过本小节的学习，大家将收获3个手游必备知识点，赶紧开始吧。

1. 单例模式

开发背包时使用单例模式的脚本有两个：第1个是背包的管理脚本BagManager；第2个是事件机制脚本EventManager。可问题是，为什么要用单例模式？单例模式是什么？单例模式有什么用？下面请带着疑问，从背包开发的实践出发，来探究单例模式的用处。

单例模式的核心思想是保证一个类在一个应用中只能被实例化出唯一的实例，是类的一种设计模式。编程语言的设计模式有很多种，比如工厂模式、观察者模式及单例模式等，但它们的目的只有一个，更好地实现功能。一般，开发者会为不同功能选择合适的设计模式，比如工厂模式经常被用于实现重复而又不同的多功能应用。

举个例子，2015年前后，笔者所在团队曾为天津科技大学开发了一个瓦楞纸生产线的XR软件，至今记忆犹新。为什么用实际项目举例呢？因为只有真实的项目才更有价值，才能让大家获得货真价实的经验和成长。

项目的难点在于纸箱生产设备的动画有很多，这些动画之间既有重复部分又有不同点，当时项目中动画类的改动甚多，而公司的动画人员很少，最主要的原因是一个设备的动画在客户的要求下不断返工，这对动画人员称得上是一种精神折磨了。如此过了几个星期，程序员们决定从根本上解决问题，开始用代码写动画。

终于，功夫不负有心人。程序员们找到了一个非常合适的方案——工厂模式。为同类型设备做一个基础动画，这个基础动画就是一个工厂，每个设备先通过工厂添加基础动画，然后加上各自不同的动画。如此一来，每次新增设备，程序员们再也不需要为其做一遍基础动画了，而是先用工厂把这个设备的基础动画加上，然后根据客户的要求做这个设备独有的动画。工厂模式起到了事半功倍的作用。

图2-72所示是一张工厂模式的架构图。

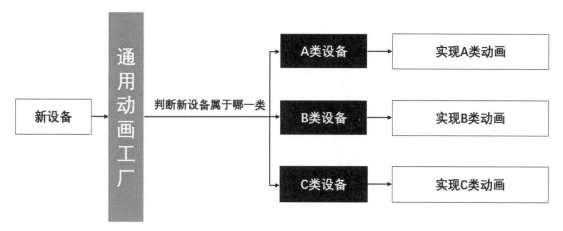

图2-72　工厂模式的架构图

言归正传，脚本BagManager为什么要用单例模式？原因有两个。

第1个是脚本BagManager是一个中心类，其函数经常被其他脚本调用，而一个能被其他类调用的类只有两种——静态类和单例类。其中，静态类更适合做整个应用的全局类，而单例类更适合做一个模块类。

第2个是脚本BagManager中有一个唯一的物品列表，无论玩家获得物品，还是使用物品，该物品列表都会随之改变。假设玩家使用了一个物品后，这个列表将会减掉这个物品，背包刷新后玩家会看到少了一个物品。但是，如果这个列表不是唯一的，而是有两个，分别是A和B，那么当玩家使用物品后，A列表中会减掉该物品，而刷新背包时用的是B列表，则刷新后的背包中物品没有少。显然，这是错误的。

背包能正确显示，单例模式不可或缺，如图2-73所示。

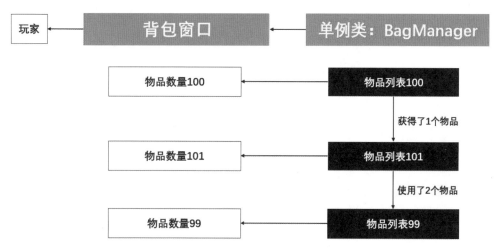

图2-73　背包显示的正确性

在Unity中如何使用单例模式呢？

在开发背包模块时，在文件夹Scripts>Common中导入了3个常用的单例基类，如图2-74所示，这3个基类能以3种方式实现单例类。

其中最常用的是Singleton脚本，其代码如下所示。

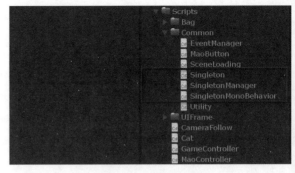

图2-74　单例基类脚本

```csharp
using System;
using System.Collections;
using System.Collections.Generic;
using UnityEngine;

public class Singleton<T> where T : new()
{
    private static T m_instance;
    public static T Instance
    {
        get

        {
            if (m_instance == null)
                m_instance = new T();
            return m_instance;
        }
    }
    protected Singleton() { }
}
```

不难看出，Singleton是一个泛型类，这表示它可以充当任意类的基类，在Unity中创建的任意一个类均可以继承该基类。需要说明的是，单例类的唯一实例是代码中的Instance。通常，在脚本中调用某个单例类的唯一实例的具体语法如下所示。

```csharp
EventManager.Instance.OnItemClickEvent(CurItem);
```

若想把某个类改成单例类，只需要在类的开头加一个单例类声明，比如事件机制EventManager，其声明代码如下所示。

```csharp
public class EventManager:Singleton<EventManager>
```

2.事件机制

事件机制是用于模块之间通信的机制。举个例子，玩家在商城中买了一个苹果，当打开背包时发现背包中果然多了一个苹果，如图2-75所示。这是因为，玩家在商城中引发了一个事件——购买了一个苹果，此时商城会把该事件发送给背包，背包收到事件后会更新物品列表并增加一个苹果，所以玩家打开背包后看到多了一个苹果。

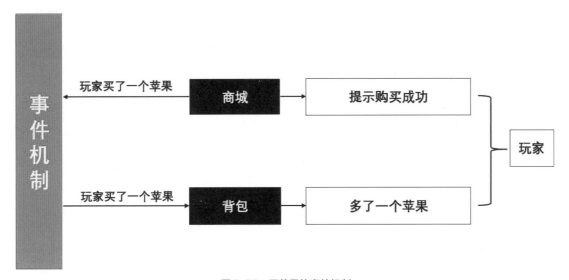

图2-75　买苹果的事件机制

需要说明的是，事件机制不仅适用于独立的模块之间，还适用于一个模块的不同界面之间，比如前文中背包模块中的物品和信息窗口之间就使用了事件机制。当玩家点击物品的时候，会产生一个事件——某一个物品被点击了，物品会把这个事件发送给信息窗口，信息窗口收到这个事件之后，其展示的信息就切换成了这个物品的信息。

事件机制EventManager的代码如下所示。

```csharp
using System;
using System.Collections.Generic;
using System.Reflection;

/// <summary>
/// 单例类：事件机制
/// </summary>
public class EventManager:Singleton<EventManager>
{
    /// <summary>
    /// 事件：点击物品
    /// </summary>
    /// <param name="item"></param>
    public delegate void OnItemClickDelegate(Item item);
    public event OnItemClickDelegate onItemClick;

    /// <summary>
    /// 事件的调用函数
    /// </summary>
    /// <param name="item"></param>
    public void OnItemClickEvent(Item item)
    {
        if (onItemClick != null)
        {
            onItemClick(item);
        }
    }
}
```

这段代码很短，其含义是声明了一个事件，声明包含两个部分：定义物品点击事件和事件的调用函数。接下来要说明的是，在Unity中如何使用事件机制。

首先，事件要有一个发送者，比如物品，它发送了一个物品点击事件，发送代码在脚本ItemController中，如下所示。

```
/// <summary>
/// 点击物品将调用的响应函数
/// </summary>
public void OnItemClick()
{
    //发送事件：将当前物品信息传递给信息窗口
    EventManager.Instance.OnItemClickEvent(CurItem);
}
```

其次，事件还要有一个接收者，比如物品的信息窗口，它要先订阅这个事件，订阅代码在脚本ItemInfoController中，如下所示。

```
void Awake()
{
    //代码启动时，信息窗口订阅事件，开始监听物品被点击事件onItemClick，若监听到这个事件，则信息窗口执行窗口刷新函数RefreshUI()
    EventManager.Instance.onItemClick += RefreshUI;
}

void OnDestroy()
{
    //代码销毁后，取消订阅：信息窗口将不再监听物品被点击事件
    EventManager.Instance.onItemClick -= RefreshUI;
}
```

最后，事件发生时，接收者执行函数RefreshUI()。

到这里，就使用事件机制实现了物品被点击后信息窗口的信息切换功能。

3. Resource 资源加载

Unity中资源加载的方式有两种：本地加载和远程加载。本地加载是指资源从本地直接加载到应用中，比如Resource加载；远程加载是指资源从服务器下载到本地应用，比如WWW加载。这里只介绍Resource加载的使用。

下面先说明一下Resource的资源加载逻辑。

①当玩家打开背包时，背包会刷新出物品，物品的图标是依据图标路径加载进来的。

②物品的图标存放在工程面板的文件夹Resources下。

③物品脚本通过加载函数Resource.Load<T>(string iconpath)加载iconpath路径下的图片。

逻辑明确了，下面来看一下实际的使用。

01 把食物类、武器类和皮肤类的3张图片分别命名为foodicon、weaponicon、skinicon，并将它们放到文件夹Resources中，如图2-76所示。这里有一点要注意，导入UI中使用的图片时都要将其设置为Sprite(2D and UI)格式。

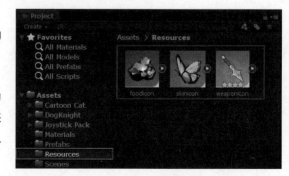

图2-76 存放图片

02 在脚本 BagManager 中，物品对象的第5个字段 icon 是物品图标的路径，必须使其与资源文件夹 Resources 下相应的图标名称相同，如图2-77所示。

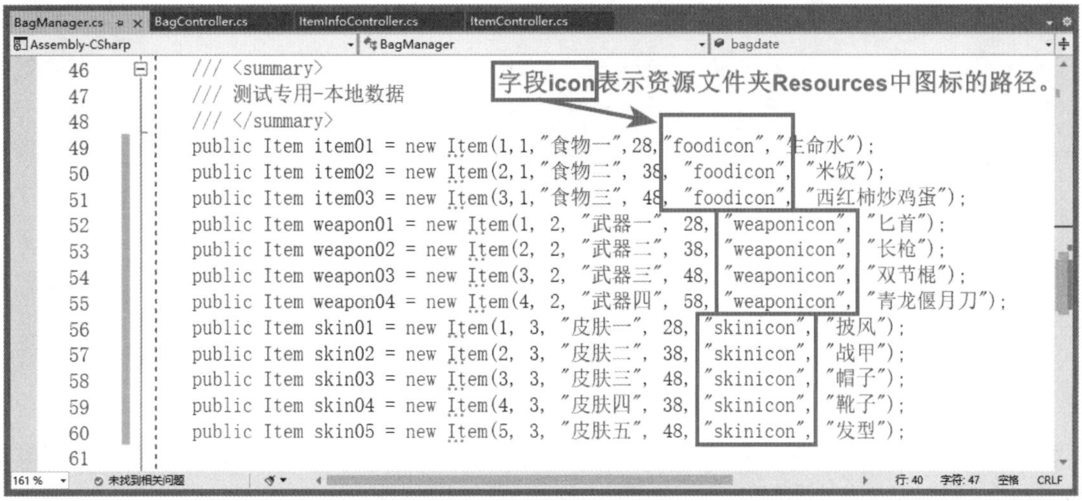

```
BagManager.cs  ↔ ×   BagController.cs        ItemInfoController.cs        ItemController.cs
🔧 Assembly-CSharp                              ▼  ❖ BagManager                        ▼  ❖ bagdate                     ▼  ╋

     46   ⊟        /// <summary>
     47            /// 测试专用-本地数据
     48            /// </summary>         字段icon表示资源文件夹Resources中图标的路径。
     49            public Item item01 = new Item(1, 1, "食物一", 28, "foodicon", "生命水");
     50            public Item item02 = new Item(2, 1, "食物二", 38, "foodicon", "米饭");
     51            public Item item03 = new Item(3, 1, "食物三", 48, "foodicon", "西红柿炒鸡蛋");
     52            public Item weapon01 = new Item(1, 2, "武器一", 28, "weaponicon", "匕首");
     53            public Item weapon02 = new Item(2, 2, "武器二", 38, "weaponicon", "长枪");
     54            public Item weapon03 = new Item(3, 2, "武器三", 48, "weaponicon", "双节棍");
     55            public Item weapon04 = new Item(4, 2, "武器四", 58, "weaponicon", "青龙偃月刀");
     56            public Item skin01 = new Item(1, 3, "皮肤一", 28, "skinicon", "披风");
     57            public Item skin02 = new Item(2, 3, "皮肤二", 38, "skinicon", "战甲");
     58            public Item skin03 = new Item(3, 3, "皮肤三", 48, "skinicon", "帽子");
     59            public Item skin04 = new Item(4, 3, "皮肤四", 38, "skinicon", "靴子");
     60            public Item skin05 = new Item(5, 3, "皮肤五", 48, "skinicon", "发型");
     61

161 %  ▼       ⊘ 未找到相关问题                    ⊿ ▼   ◄                                          ►   行: 40  字符: 47  空格   CRLF
```

图2-77　修改物品的图标路径

03 添加 Resource 加载代码，实现物品图标的动态替换，在脚本 ItemController 中的代码修改如下所示。

```
/// <summary>
/// 初始化物品
/// </summary>
/// <param name="item"></param>
public void Init(Item item)
{
    //保存物品数据到当前物品
    CurItem = item;
    //把图片加载进工程，并将其赋值给物品图标
    itemIcon.sprite = Resources.Load<Sprite>(item.icon);
    itemIcon.SetNativeSize();
    //将物品数量显示到物品UI上
    itemNum.text = item.num.ToString();
}
```

至此，本小节的3个高级知识点就讲完了。对于前文的几点疑惑，相信大家也已经豁然明朗了。俗话说，熟能生巧，大家在《猫捉老鼠》的项目中若能对所学知识多加实践，必能受益良多。

2.3　Alpha 版本

本章为《猫捉老鼠》添加了登录界面、捕捉界面和背包窗口，同时还实践了一个简单的UI框架。一步步实践完本章内容，你真的很了不起。

本节将试运行《猫捉老鼠》，测试其新增功能。若测试成功，这一版本将可以定为游戏的Alpha版本，即一个初级可玩的版本。

2.3.1　试运行

运行程序，测试新增功能。第1个是登录界面，如图2-78所示；第2个是捕捉界面，如图2-79所示；第3

个是背包窗口，如图2-80所示。

图2-78　登录界面

图2-79　捕捉界面

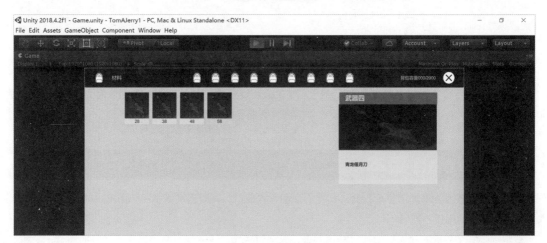

图2-80　背包窗口

（1）登录界面

◉ 检查登录界面是否正常显示。

◉ 验证登录功能是否正常。

（2）捕捉界面

◉ 检查捕捉界面是否正常显示。

◉ 检查游戏主角猫的新增捕捉动画是否正常。

（3）背包窗口

◉ 检查背包窗口是否正常显示。

◉ 检查背包窗口的3个功能是否正常，它们分别是：打开和关闭、物品的分类展示、物品信息展示。

至此，测试结束。

若你的测试结果和图2-78到图2-80所示一样，那么恭喜你，顺利完成了本章的实践；若你的测试结果不正确，也无须纠结，找出问题修改便是，知错改错便是成长。

2.3.2　大功告成

至此，大功告成。

奋斗的朋友们，你的第一款游戏《猫捉老鼠》终于有背包了。经过本章的实践，相信大家已经有能力制作高级界面了。图2-81所示是《原神》的背包窗口，是不是很高级呢？朋友们，照做一个来挑战一下吧。

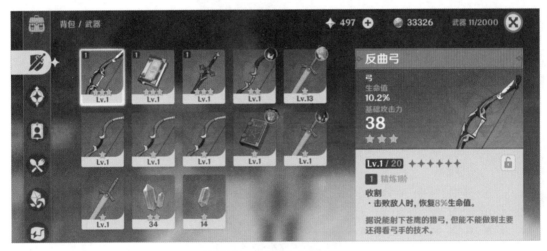

图2-81　《原神》的背包窗口

02

第3章

游戏控制

在第1篇中制作完成了《猫捉老鼠》低配版,尽管简单,但已经可以给玩家们带来欢乐了。

本章将给《猫捉老鼠》增加3个功能——摄像机跟随、角色移动和摇杆控制,目的是让玩家可以自然地控制游戏主角的移动,并为移动端的发布做准备。

3.1 固定 3D 视角

玩《王者荣耀》的时候不难察觉,其游戏视角很舒适,这是一个大众化的游戏视角:固定3D视角。不仅《王者荣耀》,大多数游戏都有各自独特的游戏视角,但实现方式大同小异。

本节将为《猫捉老鼠》添加一个固定3D视角,在开始前,先来了解一下游戏视角的分类。

时常听说的第一人称视角或第三人称视角,就是RPG游戏的一种视角分类。尽管游戏的类型有多种,但从专业的角度来看,游戏视角的分类需要根据玩家的观察角度来确定。

第1类是静态视角,经典游戏《俄罗斯方块》就属于这一类,如图3-1所示。在一个游戏循环中,视角一直保持静止。

第2类是2D视角,《贪吃蛇大作战》的游戏视角就属于这一类,如图3-2所示。在一个游戏循环中,视角一直跟随游戏角色移动,同时游戏主角一直在视野的中心。

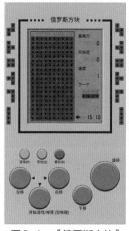

图3-1 《俄罗斯方块》
的视角

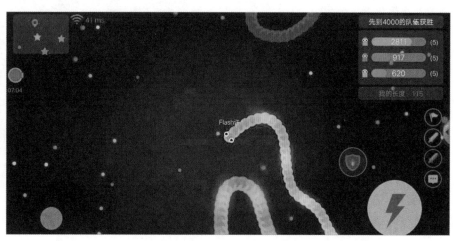

图3-2 《贪吃蛇大作战》的视角

第3类是3D视角,《王者荣耀》等游戏就属于这一类,如图3-3所示。在一场战斗中,视角一直跟随英雄角色移动,时刻保持英雄在视野中心。

至此,游戏视角的分类就梳理清楚了。接下来,为《猫捉老鼠》添加一个固定3D视角。

图3-3 《王者荣耀》的视角

3.1.1 核心代码的实现

固定3D视角是指游戏视角从斜上方观察角色，同时视角还要一直跟随角色移动，以保证游戏主角始终处在视野中心。

需要说明的是，游戏视角是游戏中的一个摄像机，固定3D视角功能是通过对摄像机编程来实现的。因此，有必要先理解在Unity创造的游戏世界中，摄像机是什么。

Unity官方给出的摄像机定义是：在Unity中，摄像机是向玩家展示游戏世界的设备，通过自定义和操控摄像机，可以让游戏世界的展示具有独特性。在Unity的三维空间中，摄像机可以在任意一个位置，从任意一个角度展示游戏世界。

为了说明摄像机的定义，下面搭建了一个简单的游戏场景。该游戏场景包含4个物体：1只猫、2个盒子、1个地面，如图3-4所示。麻雀虽小五脏俱全，用这个游戏场景来说明摄像机的定义足够了。

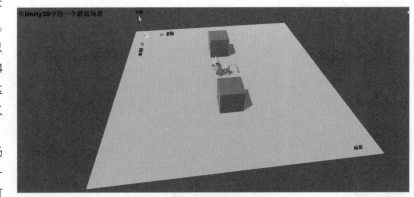

图3-4 Unity中的游戏场景

默认情况下，当创建一个场景时，Unity会自动为场景创建一个摄像机作为主摄像机。用户可以在Game面板中通过这个主摄像机看到为玩家展示的游戏世界，如图3-5所示。

一个游戏场景在没有摄像机的情况下，玩家看到的游戏世界会是什么样子的呢？这个问题的验证很方便，不用猜想，直接实践就行了。

关闭当前游戏场景的主摄像机，游戏场景将只有物体没有摄像机，Game面板瞬间变成一片漆黑，这表示玩家看到的游戏世界为空，如图3-6所示。因此，摄像机的定义可以更清晰地描述为：摄像机是一个游戏场景向玩家展示游戏世界的设备，没有摄像机，一个游戏场景将无法向玩家展示游戏世界。

验证完没有摄像机的情形，还要再打开摄像机，因为接下来还要实践摄像机在不同的位置、从不同的角度展示游戏场景的两种情形。

摄像机观察游戏场景总要有一个目标，游戏场景中的物体有4个，这里把游戏主角猫设定为摄像机的观察目标。

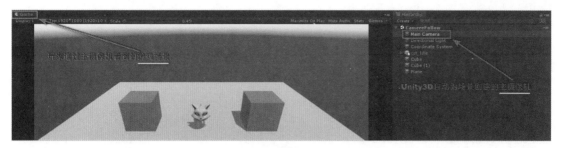

图3-5　默认主摄像机

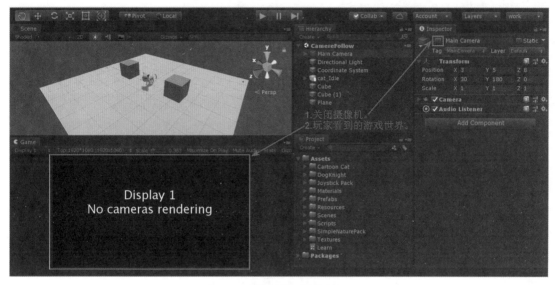

图3-6　关闭摄像机的游戏场景

在游戏场景中，设置猫的坐标位置Position为（0,0,0），旋转角度Rotation为（0,0,0），让猫站立在游戏场景的原点，如图3-7所示。

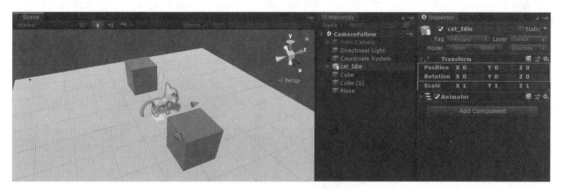

图3-7　猫在游戏场景的原点位置

猫的位置和朝向都设置好了，现在设置摄像机的坐标位置和旋转角度，目的是为玩家展示我们想要玩家看到的游戏世界。

上文中提及的游戏视角有3类，分别是静态视角、2D视角和3D视角。这三类视角在Unity中都可以实现，其中静态视角和2D视角均属于2D范畴，这要求摄像机的观察角度是二维的；3D视角属于3D范畴，这要求摄像机的观察角度是三维的。

下面实践一个2D视角，让摄像机在距离猫高5米的位置，以垂直于猫的角度观察猫，如图3-8所示。

图3-8　2D视角

①设置摄像机的坐标位置即观察位置Position为（0,5,0），实现摄像机在猫正上方5米的位置观察猫。

②设置摄像机的旋转角度即观察角度Rotation为（90,0,0），实现摄像机以垂直于猫的角度观察猫。

下面实践一个具体的3D视角，让摄像机在猫的正前方8米、高5米的位置，以30度的俯视角度来观察猫，如图3-9所示。

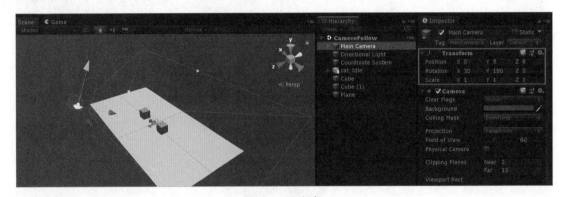

图3-9　3D视角

①因为猫的坐标位置Position是（0,0,0），x轴代表左右方向，y轴代表高低，z轴代表前后。所以将摄像机的位置设置为（0,5,8），表示摄像机在猫的正前方8米、高5米的位置观察猫。

②在摄像机的旋转角度中，X值表示绕x轴的旋转角度即俯仰角，Y值表示绕y轴的旋转角度即左右视角，Z值表示绕z轴的旋转角度即倾斜角，设置Rotation为（30,180,0），实现摄像机以30度的俯视角观察猫。

③设置投影模式为正交模式。

从上述实践中不难发现，一个摄像机的坐标位置和旋转角度是实现游戏视角的关键变量。通常，一个摄像机相对于观察目标的坐标位置被称为偏移量，一个摄像机相对于观察目标的旋转角度被称为观察角度。图3-10所示是设置了偏移量和观察角度的一个摄像机。

图3-10　设置了偏移量和观察角度的摄像机

例如，猫的位置为（0,0,0），摄像机的位置为（3,5,8），则摄像机相对于猫的偏移量如图3-11所示。

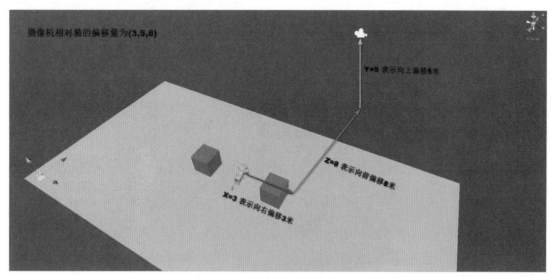

图3-11　摄像机相对于猫的偏移量

摄像机的旋转角度为（30,0,0），则摄像机相对于猫的观察角度如图3-12所示。

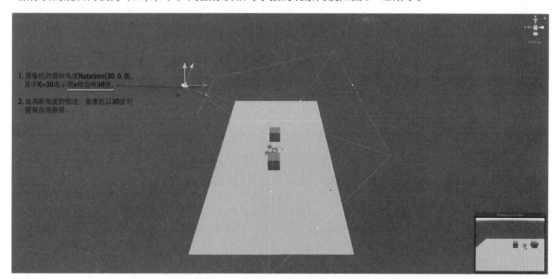

图3-12　摄像机相对于猫的观察角度

至此，游戏场景中的一个摄像机是什么，它是如何实现一个具体的游戏视角的知识点，就讲到这里。接下来为《猫捉老鼠》添加一个固定3D视角。

在工程面板中，打开文件夹Scripts，能看到一个脚本CameraFollow，如图3-13所示。这个脚本是已经编写好的用来实现固定3D视角功能的摄像机控制脚本。

通常情况下，在梳理代码前，开发者需要知道一个脚本要实现的功能。这里已经知道脚本CameraFollow要实现的是一个固定3D视角功能。一个固定3D视角的定义是游戏视角从斜上方观察角色，同时视角还要跟随角色移动，时刻保证角色处在视野中心。

图3-13　脚本CameraFollow

但是在编写代码前，仅仅知道脚本的功能还远远不够，一个开发者还应该清晰地理解脚本的核心逻辑。下面把脚本CameraFollow的核心逻辑分为3点，并逐一说明。

实际上，固定3D视角的定义中的每一句话，均代表一个核心逻辑。

（1）游戏视角从斜上方观察角色

前文提到，一个摄像机相对于主角的位置是摄像机的偏移量。这里，斜上方是指一个摄像机相对于主角的位置分布在一个锥形的三维空间内。通俗来说，在一个Unity场景中，摄像机是一双眼睛，观察着游戏主角的一切活动，这双眼睛在什么位置观察主角最合适呢？2D视角要求这双眼睛在主角的正上方的一个平面内观察主角，而固定3D视角要求这双眼睛在主角上方的一个锥形空间内观察主角。

固定3D视角的第1个核心逻辑在本质上是，规定了摄像机的偏移量在一个锥形的3D空间内取值，如图3-14所示。

另外，摄像机的偏移量是一个坐标变量，可以是锥形三维空间内的任意一个位置，哪一个位置最适合观察呢？这个值要通过实践来确定，所以偏移量要能随时调整。

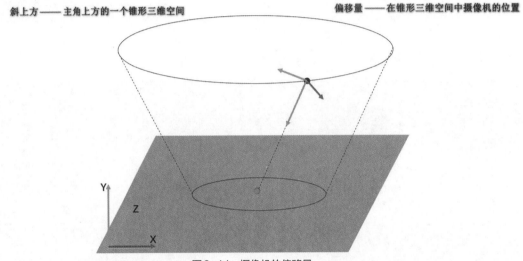

图3-14　摄像机的偏移量

因此，在代码中需要为摄像机的偏移量定义一个公共坐标变量Vector3 offset，公共属性Public让开发者能随时调整偏移量的值。

```
// 摄像机的偏移量，可以外部调节
public Vector3 offset;
```

（2）时刻保持主角在视野中心

摄像机要时刻盯着主角看，这要求摄像机的观察角度无论怎么变，其朝向必须指向主角。所以，脚本中摄像机的z轴要一直指向主角，如图3-15所示。

图3-15　摄像机的朝向

（3）游戏视角一直跟随主角移动

当主角移动时，摄像机的位置随之移动，如图3-16所示。

核心逻辑 —— 摄像机跟随

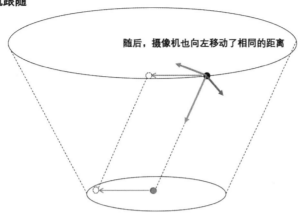

图3-16　摄像机跟随

到这里，脚本CameraFollow的核心逻辑就介绍完了。

如下所示，脚本CameraFollow的代码不算多，各行代码也有相应注释，相信通过你的努力一定可以看明白！

```
using UnityEngine;
/// <summary>
/// 摄像机跟随类
/// 从某一个可以调节的观察角度，一直看着物体 Target，同时跟随物体 target 移动
/// </summary>
public class CameraFollow : MonoBehaviour
{
    //跟随的目标物体
    public Transform target;
    //跟随的平滑速度
    public float smoothSpeed = 0.125f;
    //摄像机的偏移量，可以外部调节
    public Vector3 offset;
    void FixedUpdate()
    {
        Vector3 desiredPosition = target.position + offset;
        Vector3 smoothedPosition = Vector3.Lerp(transform.position, desiredPosition,
smoothSpeed);
        transform.position = smoothedPosition;
        transform.LookAt(target);
    }
}
```

上述脚本只有3个变量和1个函数，其中FixedUpdate()函数是Unity的生命周期函数，它与Update()函数一样都是每帧执行，但两者的不同点是前者带了一个前缀Fixed。

Update()函数： 游戏运行时，每帧执行一次。

FixedUpdate()函数： 游戏运行时，每个固定帧执行一次。

尽管两者都是每帧执行一次，但Update()函数依据的帧率受计算机硬件的影响，这会导致游戏运行速度因计算机而异；而FixedUpdate()函数依据的固定帧率不受计算机硬件的影响，因此游戏的执行速度不因计算机而异。

通常，摄像机的控制代码或物理计算代码要写到FixedUpdate()函数中。

这里有一个值得注意的函数是LookAt()，该函数能控制摄像机的z轴一直指向目标，可以实现摄像机一直盯着角色的功能。

```
transform.LookAt(target); // target是摄像机一直盯着的目标
```

至此，脚本逻辑就清楚了。接下来，还需要把脚本参数关联上。

3.1.2 设置摄像机脚本

因为脚本控制的是摄像机，所以应该把脚本拖到摄像机上。摄像机观察的目标是猫，所以脚本中Target关联的物体就是猫。

01 把脚本CamereFollow拖到主摄像机Main Camera上。

02 选中主摄像机，在右侧监视器面板中找到脚本组件CameraFollow，保持摄像机处于选中状态。

03 把游戏主角猫拖动到脚本组件的目标变量Target中，如图3-17所示。

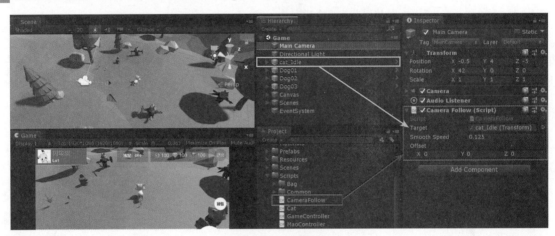

图3-17 关联物体

04 运行工程，大家会看到摄像机穿透了猫。这是因为没有设置脚本参数Offset，这个参数是指摄像机的偏移量。

05 把摄像机的偏移量Offset设置为（5,3,0），如图3-18所示。

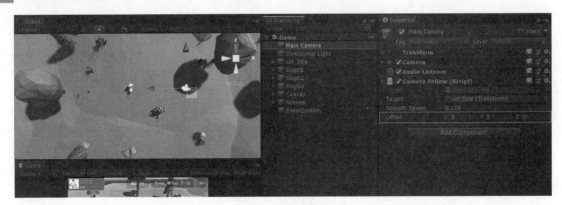

图3-18 参数设置

最终效果如图3-19所示。

图3-19　固定3D视角

3.2　实现专业的角色移动

　　第1篇的工程中只用了一个脚本MaoController就实现了角色移动和捕捉玩法，这是因为功能简单。随着游戏品质的提高，每个独立的功能都要分开来写，一是为了方便代码维护，二是为了降低模块耦合度。

　　回到游戏，第1章的角色移动只是为了把游戏流程跑通，功能极其简陋，猫移动时既没有角色转向也没有角色动画，给人感觉非常不自然。本节就来实现一个专业的角色移动。

3.2.1　角色移动

　　俗话说，不破不立。本小节先去掉之前的角色移动代码，再写一个全新的角色移动脚本。Unity官方提供了很多现成的角色移动案例，为什么还要自己写一个呢？因为自己写，大家才知道角色移动的本质是什么。至于Unity官方提供的案例，无非是在本质的基础上添加了一些装饰功能，不是现阶段的主要学习目标。

　　在写代码之前，要先分析清楚：3D场景中的角色移动是什么原理？

角色移动原理

　　在现实中，人和动物都在地面上移动。在游戏中，由于游戏场景是三维的，同时规定了xz平面为地面，y轴正方向是地面竖直向上，所以游戏角色应该在xz平面上平移，在y轴上跳跃。图3-20所示为游戏角色的移动方向及效果。

游戏角色的移动方向

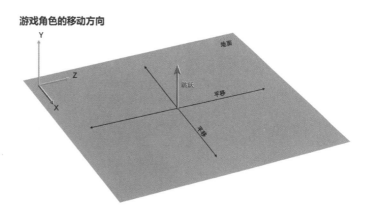

图3-20　游戏角色的移动方向及效果

图3-20　游戏角色的移动方向及效果（续）

第1章是通过给角色施加一个力来让角色沿力的方向移动，每帧移动的速度保持不变，如图3-21所示。

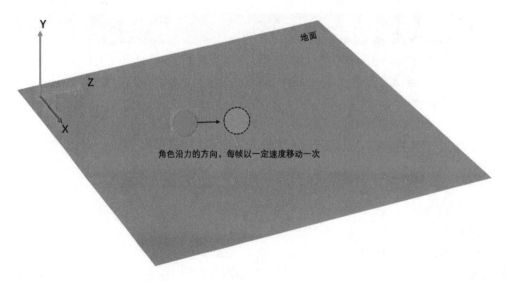

角色沿力的方向，每帧以一定速度移动一次

图3-21　速度不变

实现的代码如下。

```
//controlSignal就是力的方向
controlSignal.x = Input.GetAxis("Horizontal");//获取键盘上A、D的输入值，赋值给力的x变量
controlSignal.z = Input.GetAxis("Vertical");//获取键盘上W、S的输入值，赋值给力的z变量
//speed代表在力的方向上每一帧移动的距离
rBody.AddForce(controlSignal * speed);
```

现在，换一种新的移动方式：根据每次玩家的输入实时计算一个目标位置，让角色朝着目标位置每帧移动一定量，如图3-22所示。

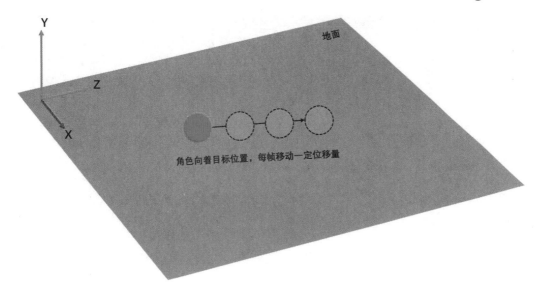

图3-22　位移量不变

相比每帧沿着一个方向移动一次，每帧向着目标移动一定位移量更稳定。在工程中，脚本Cat实现了新移动。

（1）代码实现

```
public class Cat : MonoBehaviour
{
    //移动速度
    public float moveSpeed = 1.5f;
void Update()
    {
        //移动方向，A、D输入值赋值给x，W、S输入值赋值给z
        Vector3 moveDir = new Vector3(Input.GetAxis("Horizontal"),0,Input.GetAxis("Vertical")).
normalized;
        //移动量=移动方向×移动速度×时间参数
        moveAmount = moveDir * moveSpeed * Time.deltaTime;
    }
    private void FixedUpdate()
    {
        //把主角移动到下一个位置
        rb.MovePosition(rb.position + moveAmount);
    }
}
```

（2）关联脚本

选中物体猫，关闭监视器面板中的脚本组件Mao Controller，把脚本Cat拖到物体cat_Idle上，如图3-23所示。保存并运行。

（3）脚本参数

在移动脚本Cat中，每帧都会计算出一个移动量，算法如下。

```
//移动量=移动方向×移动速度×时间参数
moveAmount = moveDir * moveSpeed * Time.deltaTime;
```

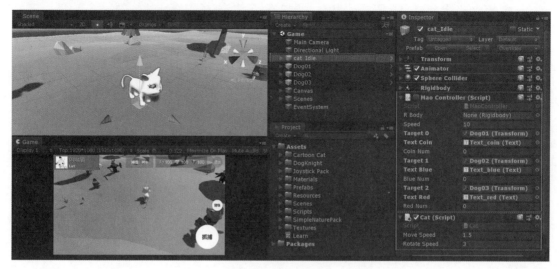

图 3-23 关联 Cat 脚本

其中，变量 moveSpeed 是移动速度，移动逻辑是通过该变量来控制角色的移动速度。当移动速度过慢时，角色的移动不顺畅，会使玩家产生卡顿感；移动速度过快，角色的移动像滑行一样，会让玩家感觉不真实。所以，一个合适的移动速度对角色移动很关键，必须通过反复实践得到。

在定义变量时，开发者通常会给移动速度赋一个经验值作为默认值，图 3-24 所示的 1.5 就是一个经验值。尽管本书提供了一个经验值，但大家依然要多实践几次，因为最好的经验值永远来自独立实践。

图 3-24 移动速度经验值

3.2.2 角色朝向

在现实中，当猫朝着一只老鼠走过去的时候，猫的头应该对着老鼠，猫不可能斜着走或者倒着走，这就是角色朝向问题。

通常情况下，模型坐标系中的 z 轴是一个模型的朝向，如图 3-25 所示，猫的朝向就是 z 轴。所以代码实现的核心逻辑是：让猫的 z 轴平滑地转向目标朝向。

图 3-25 模型的朝向——z 轴

（1）代码实现

```
void Update()
    {
        //移动方向
    Vector3 moveDir = new Vector3(Input.GetAxis("Horizontal"),0,
                                Input.GetAxis("Vertical")).normalized;
        //移动量
    moveAmount = moveDir * moveSpeed * Time.deltaTime;

        //目标朝向 = 从猫的z轴转向移动方向产生的旋转值×猫的旋转
    Quaternion targetRot = Quaternion.FromToRotation(transform.forward, moveDir) *
                           transform.rotation;
        //猫的旋转 = 由当前朝向转向目标朝向，转向过程进行中间线性插值
    transform.rotation = Quaternion.Slerp(transform.rotation, targetRot, rotateSpeed *
Time.deltaTime);

        //bool isWalk = moveDir != Vector3.zero;
        //anim.SetBool("IsWalk", isWalk);
    }
```

上述代码使用了线性插值函数Slerp()，让角色从当前朝向平滑地转向目标朝向，函数中第3个参数rotateSpeed是转向速度，该值越大猫朝向改变得越快。

（2）脚本参数

和移动速度一样，转向速度也需要通过运行程序调试到合适数值。转向速度的经验值是3，如图3-26所示。所谓经验值，是大多数角色以这个速度移动和转向时，看起来比较自然。

图3-26　转向速度

3.2.3　动画切换

Unity为开发者提供了一个简单实用的动画系统Mecanim，动画系统包含4个组成部分——动画片段、状态机、动画控制器、Animator组件，它们相互配合，共同实现了Unity的动画系统。下面简单分析一下Unity的动画系统的工作原理。

（1）状态机

状态机的功能是在某一给定时刻给角色指定一个特定动作。一个角色有站立、行走、跑步3个动作，当玩家的输入变化时，角色的动作会切换，其中一个动作被称为一个状态，如图3-27所示。大多数情况下，玩家只能控制角色从站立状态切换到行走状态，不能控制角色从站立状态直接进入跑步状态。也就是说，角色从一个状态切换到下一个状态是有限制条件的，这个限制条件被称为状态过渡条件。

图3-27　状态机

简单来说，一个状态机是一个游戏对象的动画流程图，包括3个部分：状态集合、状态过渡条件和记录当前状态的变量。

（2）动画控制器 Animator Controller

如图3-28所示，动画控制器引用了状态机中的所有动画，并通过判定状态过渡条件是否满足来切换游戏对象的动画状态。状态机是一个流程图，动画控制器是这个流程图的控制者。

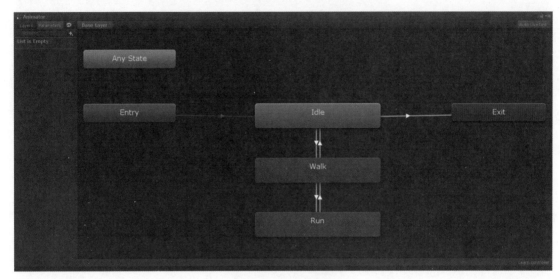

图3-28　动画控制器

（3）Animator 组件

使用Animator组件可以将合适的动画分配给场景中的游戏对象，Animator组件需要引用一个动画控制器，如图3-29所示。

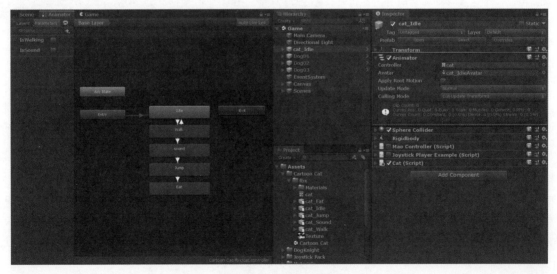

图3-29　Animator组件

综上，在Unity中，游戏对象通过添加Animator组件实现动画功能，Animator组件通过引用一个动画控制器实现游戏对象在一组动画间的切换，这个动画控制器中的状态机定义了这一组动画的实际切换逻辑，如图3-30所示。这个过程就是Unity动画系统的各个组件间分工协作的过程。

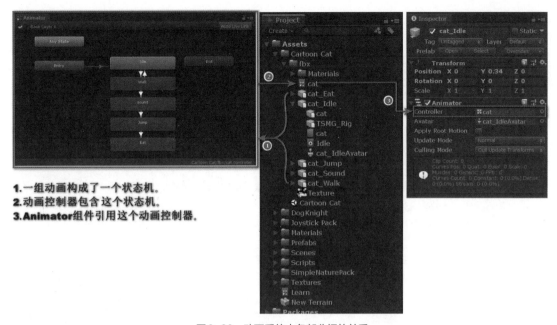

1.一组动画构成了一个状态机。
2.动画控制器包含这个状态机。
3.**Animator**组件引用这个动画控制器。

图3-30　动画系统中各部分间的关系

至此，Unity的动画系统的工作原理就讲清楚了。

接下来，可以动手实践了。

其一，梳理游戏主角的动画状态机，图3-31所示是猫的动画状态机。

第一，一个状态机需要一组动画，这里猫的动画片段有5个，分别是站立、行走、攻击、说话和吃东西，其中站立是默认动画。第二，定义5个状态过渡条件，当布尔值IsWalking为真时，猫从站立动画切换到行走动画，IsWalking为假时，再从行走动画切换回站立动画，其他3个动画片段的切换逻辑和行走动画一样。

其二，在Unity中实现猫的动画状态机。

01 在猫的监视器面板中，展开Animator组件，选择组件中的公共变量Controller中引用的动画控

制器cat。随后，工程面板会自动定位到动画控制器cat，如图3-32所示。

图3-31　猫的动画状态机

图3-32　Animator组件

02 在工程面板中，双击动画控制器cat，Animator面板会自动打开，如图3-33所示。运行程序可以看到，猫的当前动画在5个动画片段间自动切换。所谓自动切换是说猫的站立动画播放完成后，自动地切换到行走动画，行走动画播放完后，自动地切换到说话动画。默认情况下，一个新的动画控制器中动画片段之间的切换是自动的。

图3-33　Animator 面板

03 在Animator面板左侧有一个过渡条件列表，大家可以看到列表中有两个参数，即IsWalk和IsSound，这两个参数是笔者之前测试留下的，右击参数IsWalk，弹出快捷菜单，选择Delete，删除IsWalk。

单击过渡条件列表右上角的"+"按钮，弹出一个类型列表，选择Bool类型，随后在过渡条件列表自动添加了一个过渡条件参数，将其重命名为IsWalking。以上操作如图3-34所示。

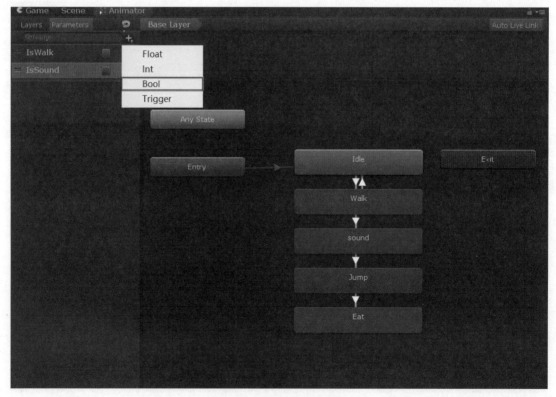

图3-34　添加过渡条件参数

图3-34　添加过渡条件参数（续）

04　选中从站立动画到行走动画的转换箭头，在右侧监视器面板中找到过渡条件Conditions，单击"+"按钮，添加 IsWalking为过渡条件，同时设置IsWalking为true；选中从行走动画到站立动画的转换箭头，用同样的方法，设置 IsWalking为false，如图3-35所示。这表示当IsWalking的值为True时主角动画将从站立动画切换到行走动画，当 IsWalking的值为False时切回站立动画。

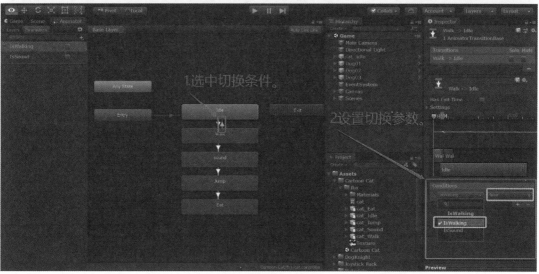

图3-35　设置Conditions

操作完上述步骤后，即为猫设置了站立动画与行走动画之间的过渡条件，下面就可以在脚本中依据猫的运动状态来切换动画了，比如在猫静止时播放站立动画，在猫行走时播放行走动画。

（4）脚本实现

在代码中，动画切换的核心逻辑是一个判定条件：判定角色的移动量是否为0。当角色的移动量为0的时候说明角色是静止的，此时选择播放站立动画；当移动量不为0的时候说明角色正在行走，此时选择播放行走动画。

代码如下。

```
void Update()
    {
        //移动方向
        Vector3 moveDir = new Vector3(Input.GetAxis("Horizontal"),0,Input.GetAxis("Vertical")).
normalized;
        //移动量
        moveAmount = moveDir * moveSpeed * Time.deltaTime;
        //目标朝向 = 从猫的z轴转向移动方向产生的旋转值×猫的旋转
        Quaternion targetRot = Quaternion.FromToRotation(transform.forward, moveDir) *
transform.rotation;
        //猫的旋转 = 由当前朝向转向目标朝向，转向过程进行中间线性插值
        transform.rotation = Quaternion.Slerp(transform.rotation, targetRot,
rotateSpeed * Time.deltaTime);
        //判定条件
        //当移动量不等于零时，IsWalking为真
        //当移动量等于零时，IsWalking为假
        bool IsWalking = moveAmount != Vector3.zero;
        //给动画的切换参数IsWalking赋值
        //IsWalking为真时，角色在行走，播放行走动画
        //IsWalking为假时，角色静止，播放站立动画
        anim.SetBool("IsWalking", IsWalking);
    }
```

代码编写完成后记得保存。

运行游戏测试功能，如果大家的实践正确，就能得到与图3-36和图3-37所示一样的结果。

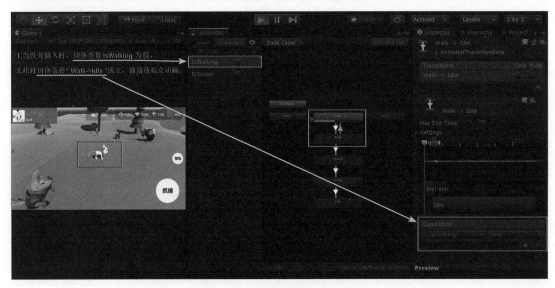

图3-36　动画切换Walk->Idle

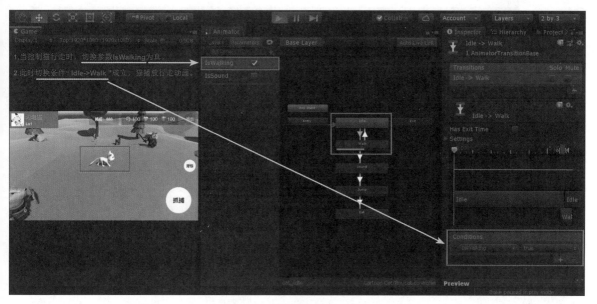

图3-37　动画切换Idle->Walk

运行后发现，从猫的站立动画切换到猫的行走动画的时候，切换过程有固定的延迟，即状态切换后角色会等一会儿才切换动作。这是因为有一个参数没有设置。

Has Exit Time： 一个判定变量。当角色的动画切换时，该变量用于判定第1个动画是否要播放完再切换到第2个动画。

勾选Has Exit Time选项后，当切换条件满足时，第1个动画必须播放完才会切换到第2个动画；不勾选Has Exit Time选项，当切换条件满足时，第1个动画无论是否播放完，都会立即切换到第2个动画。

如图3-38所示，当角色动画切换时，站立动画必须播放完才会切换为行走动画，这就是猫行走控制不及时的原因，导致猫的移动看起来像是滑动了一段距离再走一样。所以，取消勾选Has Exit Time选项，问题就解决了。

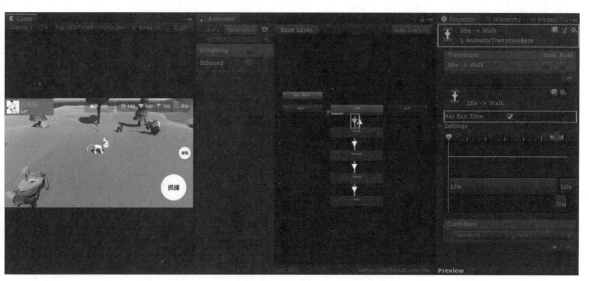

图3-38　Has Exit Time选项

本小节实现了专业的角色移动，包含了角色移动、角色转向和角色动画3个功能点。

至此，《猫捉老鼠》的主角可以自由地行走了。

3.3 实现摇杆控制

摇杆控制是手游必备的输入控制，下面将为《猫捉老鼠》加上摇杆控制。用键盘控制角色的移动经常会出现卡顿的情况，如果用摇杆控制角色的移动，则会非常平滑，这是因为摇杆输入的移动方向更精确，每帧移动量更稳定。

在游戏工程中，笔者准备了一个极简单又专业的摇杆包，如图3-39所示。在工程面板中打开Assets>Joystick Pack>Examples>Example Scene，运行场景即可体验。

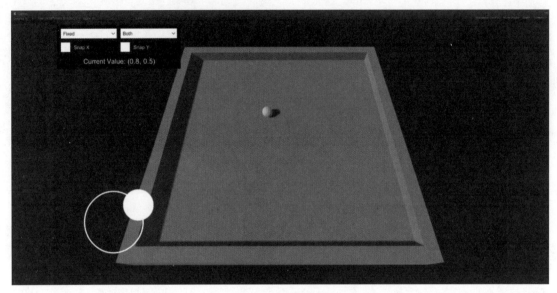

图3-39　摇杆控制

3.3.1 添加摇杆界面

在Joystick Pack中，摇杆类型有3种：固定模式Fixed、动态模式Dynamic和综合模式Variable。

选择综合摇杆Variable Joystick，如图3-40所示，设置步骤如下。

图3-40　摇杆界面

01 在工程面板中，选择Assets>Joystick Pack>Prefabs>Variable Joystick。

02 在Assets>Scenes目录下找到Game场景，双击打开。

03 把Variable Joystick拖到Game场景中的Cavnas下，使之成为Cavnas的子物体。

04 在Variable Joystick脚本中，在参数Joystick Type中可以选择摇杆类型，这里选择Dynamic。

05 添加成功！

3.3.2 添加摇杆输入代码

给场景添加了摇杆界面后，要实现摇杆控制猫的移动，还需要用代码控制。

脚本Cat的输入值是通过键盘输入得来的，比如调用Input.GetAxis("Horizontal")来获得键盘的水平输入值，调用Input.GetAxis("Vertical")来获得键盘的竖直输入值，然后角色移动代码调用这两个输入值计算角色移动的方向。

```
//移动方向
Vector3 moveDir = new Vector3(Input.GetAxis("Horizontal"),0,Input.GetAxis("Vertical")).
normalized;
//移动量
moveAmount = moveDir * moveSpeed * Time.deltaTime;
```

在获取输入值这方面，摇杆控制不同于键盘控制。摇杆控制获取摇杆的输入量，并且将其分解为竖直方向和水平方向的输入值——variableJoystick.Vertical 和 variableJoystick.Horizontal，然后角色移动代码调用这两个输入值来计算角色移动方向。

```
//根据摇杆的输入，计算出猫的移动方向
moveDir = Vector3.forward * variableJoystick.Vertical + Vector3.right * variableJoystick.Horizontal;
```

添加摇杆后的角色控制脚本Cat如下。

```
//游戏主角——猫的移动
public class Cat : MonoBehaviour
{
    //移动速度
    public float moveSpeed = 1.5f;
    public float rotateSpeed = 3f;
    float rotateMultiplier = 1;
    //移动量
    Vector3 moveAmount;
    //猫的刚体
    Rigidbody rb;
    Animator anim;
    //摇杆
    public VariableJoystick variableJoystick;
    // Start is called before the first frame update
    void Start()
    {
        rb = GetComponent<Rigidbody>();
        anim = GetComponent<Animator>();
    }
    // Update is called once per frame
    void Update()
    {
        //根据键盘的输入，计算出猫的移动方向
        Vector3 moveDir = new Vector3(Input.GetAxis("Horizontal"),0,Input.
```

```
GetAxis("Vertical")).normalized;
        //根据摇杆的输入，计算出猫的移动方向
    moveDir = Vector3.forward * variableJoystick.Vertical + Vector3.right *
variableJoystick.Horizontal;
        //移动量
    moveAmount = moveDir * moveSpeed * Time.deltaTime;
        //目标朝向 = 从猫的z轴转向移动方向产生的旋转值×猫的旋转
    Quaternion targetRot = Quaternion.FromToRotation(transform.forward, moveDir) *
transform.rotation;
        //猫的旋转 = 由当前朝向转向目标朝向，转向过程进行中间线性插值
    transform.rotation = Quaternion.Slerp(transform.rotation, targetRot, rotateSpeed *
Time.deltaTime);
        //判定条件
        //当移动量不等于零时，IsWalking为真
        //当移动量等于零时，IsWalking为假
    bool IsWalking = moveAmount != Vector3.zero;
        //给动画的切换参数IsWalking赋值
        //IsWalking为真时，角色在行走，播放行走动画
        //IsWalking为假时，角色静止，播放站立动画
    anim.SetBool("IsWalking", IsWalking);
    }
    private void FixedUpdate()
    {
        //移动逻辑，注意这里是把主角当前角色移动到下一个位置
        rb.MovePosition(rb.position + moveAmount);
    }
}
```

3.3.3 脚本关联摇杆

下面为角色控制脚本 Cat 的摇杆变量关联摇杆。

01 在结构面板中，选中摇杆 Variable Joystick，并将其拖到猫的脚本组件Cat的摇杆变量 Variable Joystick 中，如图 3-41 所示。

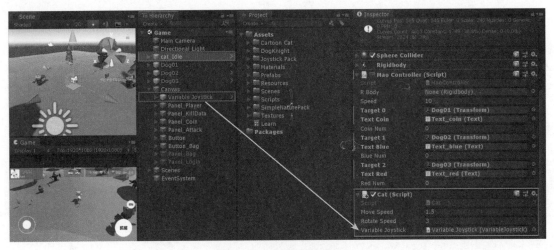

图3-41 添加摇杆变量

02 保存场景，运行测试，如图 3-42 所示。

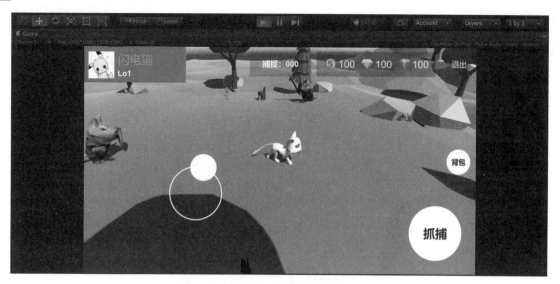

图3-42　摇杆添加成功

至此，摇杆控制就添加成功了。

3.4 完善游戏功能

在实际开发中，每次添加新功能，游戏都需要调试优化。下面将调整新增功能和场景。图3-43所示是游戏新添加的卡通场景，我们先来添加这个新场景。

图3-43　添加卡通场景

3.4.1 添加新场景

01 选择 Assets>SimpleNaturePack>Scenes>SimpleNaturePack_Demo，双击打开。

02 在场景面板中，选中Demo_Objects，将其拖到Assets>Prefabs目录下，Unity 将自动创建一个Demo_Objects

的预制体。

03 选择Assets>Scenes>Game，双击打开。

04 选择Demo_Objects预制体，把预制体拖到结构面板中。

05 在结构面板中创建一个空物体，双击将其重命名为Scenes。

06 把Demo_Objects拖到Scenes下，使其成为Scenes的子物体。

07 新的卡通场景添加完成。

3.4.2 摄像机优化

在固定3D视角脚本中，摄像机的跟随动作涉及3个参数：Target、Smooth Speed和Offset。

Target是摄像机跟随的目标，在本工程中是游戏主角猫；Smooth Speed是当目标移动时摄像机跟上的速度；Offset是摄像机偏离目标的相对位置。

经调整，《猫捉老鼠》游戏有了一个摄像机参数的经验值，如图3-44所示。

图3-44 摄像机参数的经验值

本章为《猫捉老鼠》游戏新增了3个功能——摄像机跟随、角色移动和摇杆控制，导入了一个卡通场景。大家可以控制游戏的主角自然地移动了。

第4章

角色动画

栩栩如生的角色会让一款游戏真实有趣，光彩熠熠，也能让玩家欲罢不能，根本停不下来。

第3章为《猫捉老鼠》实现了游戏控制，并添加了一些简单的动画。可是这还远远不够，本章将专注于角色动画的实践，让每一个游戏角色都能充满活力。

4.1　主角动画

通常情况下，在游戏公司的工作中，动画师负责角色动画的制作，程序员负责角色动画的控制，两者各司其职，互不干扰。他们之间唯一的交集是，动画师把动画给程序员，程序员发现动画有问题交给动画师修改。在程序上，程序员只能修改动画的播放速度和循环模式，不能修改动画本身。如此看来，让一个游戏角色变得更有活力，主要是动画师的事情，和程序员关系不大。

但实际上，只要深入学习Unity的角色动画机制，从程序上一样能让角色充满活力，这就是本章的实践目标。要实现这个目标，需要用到Unity官方出的一个动画绑定包——Animation Rigging，这个动画绑定包能把动画师赋予角色的骨骼动画和程序员赋予角色的程序动画融合在一起，让角色同时播放两种动画。

为了使用稳定版的Animation Rigging，需要先把当前Unity的版本从2018.4升级到2019.4，新版本是一个长期支持版本，会得到Unity官方长期的支持和维护，这对长期开发非常有利。另外，Animation Rigging是本章的重点内容，希望大家用心实践。

4.1.1　游戏升级

《猫捉老鼠》游戏主角看着太简陋了，既不够时髦也不够专业，干脆换一个专业的角色模型。

2020年7月，Unity官方推出了一个游戏实战项目，叫《Chop Chop》，讲的是一只小猪在开放世界中探险的故事。笔者给它起了一个中文名字，叫《小猪奇奇》。值得一提的是，《小猪奇奇》的游戏角色一共有6个，它们都是漫画风格的，除此之外，游戏场景和游戏道具也都是漫画风格的。

图4-1中，一只漫画小猪手里拿着一根拐杖和一个提灯，奋然跃起。整个游戏画面就像一本行走的漫画书，独具一格。

图4-1　《小猪奇奇》

Unity 官方发布《小猪奇奇》的目的有两个：第 1 个是希望能和 Unity 社区的开发者共同制作一款游戏，让开发者了解 Unity 的新功能；第 2 个是希望初学者能通过参与实战，不断成长。写这些的目的是让大家更了解新主角。另外，《小猪奇奇》很切合本书案例的主题，即一款开放世界类手游的开发实战。也正因如此，不仅要替换主角，还要把《猫捉老鼠》整体升级为《小猪奇奇》。

具体来说，升级游戏的原因有以下 3 个。第一，角色替换。游戏主角需要有和人一样的骨骼，用它能实现更丰富的角色动画，新主角小猪奇奇的骨骼是人体骨骼，符合要求。第二，游戏品质。一款游戏要有统一的美术风格，《小猪奇奇》的美术资源都是漫画风格的，符合要求。第三，美术资源。《猫捉老鼠》的角色只有两个，既没有道具，也没有自然模型，而《小猪奇奇》的美术资源却包含丰富的角色、道具和植被等模型。

1. Unity 2019.4.36f1c1

首先要说明的是，一台计算机上可以安装两个 Unity 版本，一个是默认安装在 C 盘的旧版本，比如大家计算机上的 Unity 2018.4，另一个是即将安装到 D 盘的新版本——Unity 2019.4.36f1c1。所以这里不需要卸载 Unity 2018.4，直接安装 Unity 2019.4.36f1c1。至于新版本的安装过程，这里不再赘述。

对于 Unity 新版本的兼容性，这里需要说明的是，尽管本书案例使用的新版本是 Unity 2019.4.36f1c1，但笔者同时测试了 Unity 2019.4.36f1c1 以上和 Unity 2020.2 以下的若干版本，发现它们均适用于本书案例。所以，大家可以从中灵活选择。

新版本安装完成之后，先不要着急用新版本打开工程，因为工程用新版本打开之后，要想回到之前的 2018 版就不容易了。但是大家别慌，下面有一个完美解决办法，即多版本开发。

把游戏《猫捉老鼠》分成两个版本，第 1 个是主干 master，将用 Unity 2019.4.36f1c1 版本打开并继续开发；第 2 个是分支 TomAJerry-Unity 2018.4，将用 Unity 2018.4 版本打开并继续开发。图 4-2 所示是版本管理工具 Source Tree 的截图。

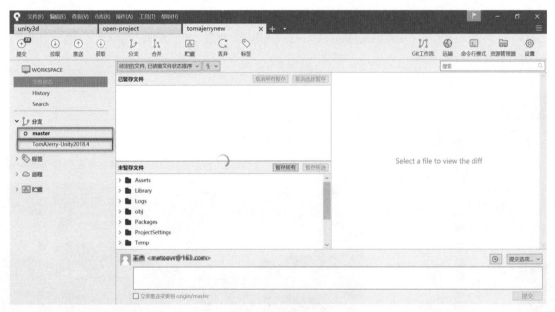

图 4-2 版本管理工具

需要说明的是，多版本开发是基于版本管理工具的。如果大家没用过版本管理工具也没有关系，可以直接把工程复制一份，并将它们分别重命名为 TomAJerry-2018 和 TomAJerry-2019 即可。

用 Unity 2019.4.36f1c1 打开游戏《猫捉老鼠》，Unity 中没有出现任何报错，如图 4-3 所示。因为游戏功能相对简单，所以升级版本的过程比较顺利。

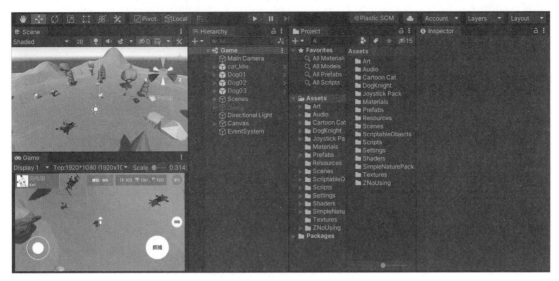

图4-3　用Unity 2019.4.36f1c1打开《猫捉老鼠》

2.导入资源包

实践之前需要导入3个功能包，它们分别是通用渲染管线URP、着色器面板Shader Graph和动画绑定包Animaiton Rigging。

（1）通用渲染管线 URP

通用渲染管线URP是一个预构建的可编程渲染管线，是由Unity官方制作的一个功能包。使用URP制作的动画效果图如4-4所示。URP提供了更方便的工作流程，支持跨平台使用。

图4-5所示是URP的功能包。

图4-4　URP效果图

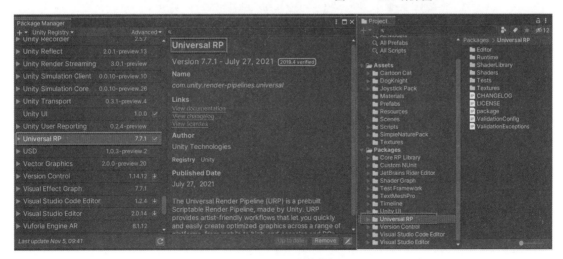

图4-5　URP的功能包

因为只有Unity 2019.3及以上的版本才支持URP，如图4-6所示，而使用的新版本是Unity 2019.4.36f1c1，所以无须担心版本兼容问题。

Unity 3D 编辑器兼容性

下表显示了URP软件包版本与不同Unity 3D编辑器版本的兼容性。

软件包版本	最低统一版本	最大统一版本
9.x.x	2020.1.0b6	2020.2.x
8.1.x	2020.1.0b6	2020.1.x
8.0.x	2020.1.0a23	2020.1.x
7.7.x	2019.4.26f1	2019.4.x
7.6.x	2019.4.23f1	2019.4.x
7.5.x	2019.4.14f1	2019.4.x
7.4.x	2019.3.2f1	2019.4.x
7.3.x	2019.3.2f1	2019.4.x
7.2.x	2019.3.0f6	2019.4.x
7.1.8	2019.3.0f3	2019.4.x

图4-6　URP与Unity3D的兼容性

（2）着色器面板 Shader Graph

着色器面板Shader Graph是一个可视化的Shader脚本编辑器，如图4-7所示，让开发者们不用写代码也可以创建Shader。正因如此，游戏开发者们往往很需要这一类工具。尤其对初学者而言，Shader Graph是一个非常方便的工具。需要说明的是，Shader脚本的编写是一项非常专业的工作，若想胜任这项工作，开发人员必须拥有非常扎实的计算机图形学知识。总之，感兴趣的同学必须深耕细作，方能有所收获。

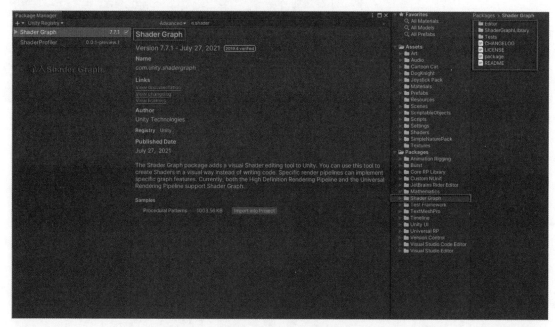

图4-7　Shader Graph

最后需要提一下，安装完URP之后，Shader Graph会自动进行安装，无须手动安装。

（3）动画绑定包 Animation Rigging

打开Unity，在Window菜单中选择包管理器Package Manager，在包管理器面板中找到动画绑定包Animation Rigging，单击Install按钮，如图4-8所示，等待其自动导入。

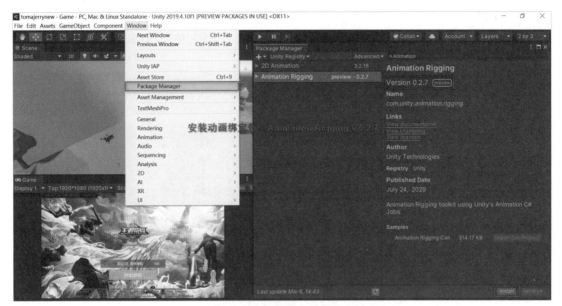

图4-8　安装Animation Rigging

Animation Rigging 导入成功之后，标题栏中出现了一个新菜单 Animation Rigging，单击新菜单 Animation Rigging，弹出了6个功能选项，如图4-9所示。对于这6个功能选项，笔者会在后续实践中讲解，这里不做讲解。

图4-9　Animation Rigging菜单

到这里，Animation Rigging 就安装完成了。

3. 场景升级

场景升级是指把《猫捉老鼠》中的美术资源全部替换成《小猪奇奇》中的美术资源，同时保留《猫捉老鼠》的程序功能。

接下来要做两件事。第1件是美术资源的替换，把游戏主角猫和老鼠替换成游戏主角小猪奇奇和食人花，同时把游戏场景替换成漫画场景。第2件是程序功能的移植，在《猫捉老鼠》的开发实践中，制作了3个游戏界面——

登录界面、主城界面、背包窗口，同时还实现了1个捕捉玩法。这里要把捕捉玩法关联到新的角色模型上，还要把游戏界面移植到新的游戏场景中。完成游戏升级后，将在新的游戏场景中继续实践手游开发过程。

（1）美术资源的替换

打开菜单Edit，选择Project Settings>Graphics，如图4-10所示，打开Unity的图形设置窗口Graphics。

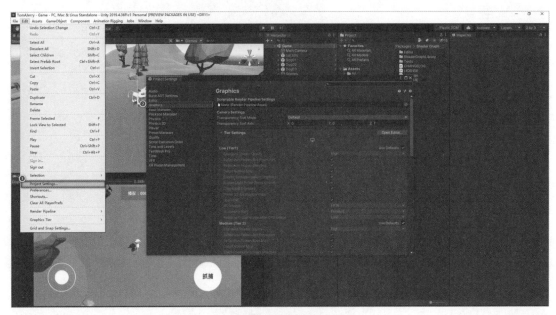

图4-10　Graphics选项卡

在图形设置窗口Graphics中，找到渲染管线参数Scriptable Render Pipeline Settings，然后在工程面板中定位到渲染管线源文件Settings>Graphics>UniversalRP-HighQuality，把渲染管线源文件指定给渲染管线参数，如图4-11所示。完成上述指定之后，场景Game中的美术资源全部变成了紫色，这说明美术资源没有被渲染。也就是说，当采用了URP之后，Unity 2019.3及之前的版本转换过来的美术资源将不被渲染。好在之前的美术资源即将被替换，这个问题对后续实践不会产生任何影响。

接下来隐藏全部的美术资源。

图4-11　指定渲染管线源文件

新建一个空物体 Game，把程序功能相关的物体全部放到物体 Game 之下。选中全部的美术资源，在其监视器面板中取消勾选 Enable 选项，这表示隐藏全部的美术资源。图 4-12 中，红色框中的美术资源全部呈隐藏状态；蓝色框中的是程序功能，它们全都是物体 Game 的子物体，是显示状态。

到这里，美术资源和程序物体被区分完成。

图 4-12　拆分美术资源和程序功能

（2）程序功能的移植

程序功能的移植是指把场景 Game 中所有的程序功能复制出来，做成一个预制体，然后将该预制体放到拥有新的美术资源的场景中，从而实现程序功能的完整移植。

01　在场景 Game 中把游戏主角替换成小猪奇奇。找到小猪奇奇的预制体 Prefabs>character>PigChef，将其拖进场景 Game 中。再把旧主角猫上的脚本组件 Cat 和刚体组件 Rigidbody 复制到小猪奇奇上，如图 4-13 和图 4-14 所示。

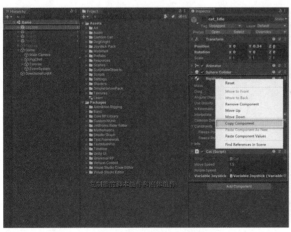

图 4-13　复制组件

图 4-14　粘贴组件

02　摄像机 Main Camera 是一个跟随摄像机，其脚本组件 Camera Follow 有一个目标参数 Target，之前指定的物体是猫，现在把小猪奇奇指定给它，如图 4-15 所示。

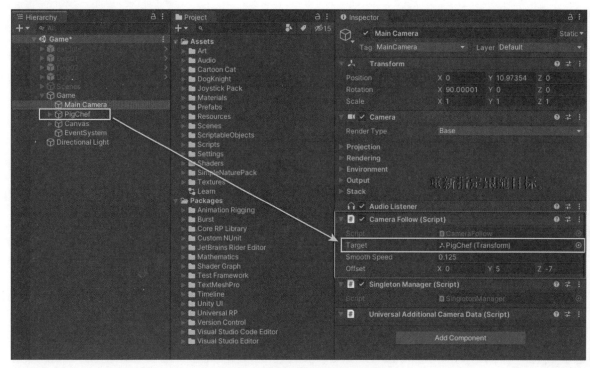

图4-15　重新指定摄像机的跟随目标

03 把场景Game中的物体Game拖进工程面板的文件夹Prefabs中，生成一个程序功能预制体Game。然后，打开场景Testing Ground 1，把程序功能预制体Game拖进场景Testing Ground 1中，保存场景。玩家可以用摇杆控制小猪奇奇自由地行走了。值得注意的是，如果出现小猪奇奇掉下地面的情况，需要去掉小猪奇奇的重力效果，如图4-16所示。到这里，游戏升级完成了。

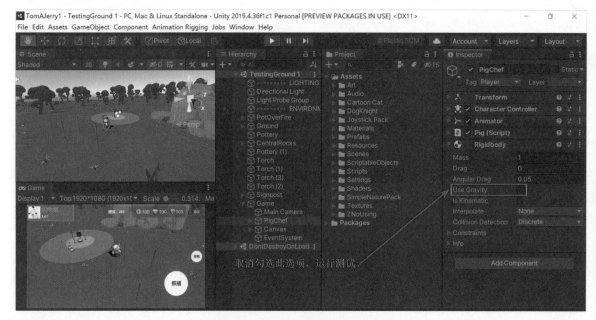

图4-16　去掉小猪奇奇的重力效果

一款崭新的《小猪奇奇》就这样诞生了。

4.1.2   主角动画实现

实践之前，先来对比一下《猫捉老鼠》和《小猪奇奇》的玩法。

《猫捉老鼠》的玩法是，站立状态的猫会依据玩家的控制去捕捉老鼠，老鼠傻傻地站在原地等待被抓，如图4-17所示。当猫走过老鼠旁边时，它俩谁都不看谁，好像没关系的陌生人一样。猫对老鼠不感兴趣，老鼠好像也不害怕猫。

总而言之，游戏角色缺乏活力。

图4-17   猫对老鼠没兴趣

而《小猪奇奇》的玩法是，站立状态的小猪奇奇会依据玩家的控制去采摘植物，固定植物在原地站立，处于静止状态；移动的植物在活动范围内移动，如图4-18所示。事实上，《小猪奇奇》和《猫捉老鼠》的玩法大同小异，《小猪奇奇》的角色也是缺乏活力的。

图4-18   小猪奇奇采摘植物

下面将为《小猪奇奇》的角色增添活力。

目前，小猪奇奇的动画有7个，它们分别是站立、行走、攻击、说话、惊讶、跳跃和捡东西，大家可以在小猪奇奇的动画控制器文件PigChef.controller中查看这些动画，如图4-19所示。当切换不同的状态时，小猪奇奇将播放不同的动作。

图4-19　动画控制器

1.装备武器

（1）重新实现抓捕功能

在工程面板中找到脚本Cat，右击它，选择Find References In Scene选项，查找有哪些物体引用了脚本Cat。场景中筛选出了两个物体，它们分别是主角PigChef和攻击按钮Button，如图4-20所示。把这两个物体记下，等修改完脚本Cat后，还要给这两个物体重新指定脚本。

图4-20　查找脚本引用

将脚本Cat重命名为Pig，双击打开脚本Pig。找到攻击函数Attack( )，对其进行如下修改。

```
/// <summary>
/// 小猪奇奇的攻击函数
/// </summary>
/// <param name="CaneHit">手杖攻击</param>
public void Attack( )
{
    //切换参数CaneHit是触发器类型的参数
    //每触发一次CaneHit，角色就播放一次攻击动画
    anim.SetTrigger("CaneHit");
}
```

上述代码把动画切换参数 IsAttacking 换成了 CaneHit，这是因为小猪奇奇的动画控制器中的攻击状态切换参数是 CaneHit。保存代码，完成修改。图 4-21 所示是小猪奇奇的动画控制器。

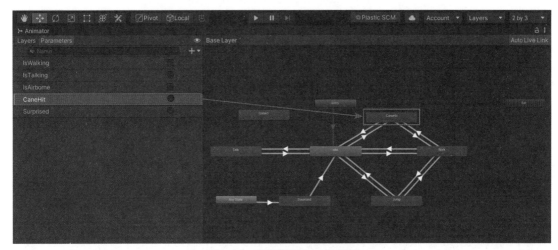

图 4-21　小猪奇奇的动画控制器

把修改后的脚本 Pig 重新指定给主角 PigChef，如图 4-22 所示。给攻击按钮 Button 重新指定点击响应函数 Attack()，如图 4-23 所示。

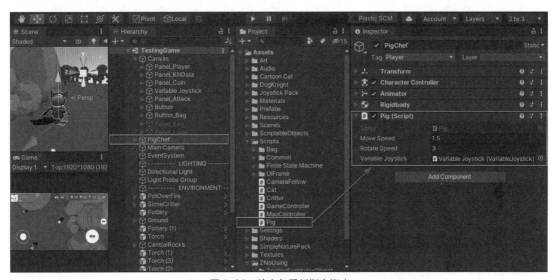

图 4-22　给主角重新指定脚本

图4-23　给攻击按钮重新指定点击响应函数

（2）添加手杖

在工程面板中，定位到手杖Prefabs>Items>WalkingCane。在结构面板中，定位到小猪奇奇的手心骨骼RightHandMiddle1，把手杖拖到手心骨骼下，使其作为手心骨骼的子物体。最后设置手杖的位置Position为（0,–0.07,0），旋转角度为Rotation（90,0,0），如图4-24所示。

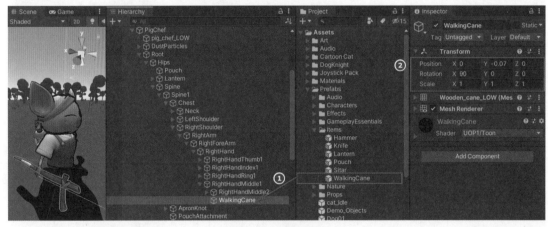

图4-24　添加手杖

运行游戏，当播放小猪奇奇攻击动画时，手杖一直跟随其右手移动，配合完美。图4-25所示是按住抓捕按钮后处于攻击状态的小猪奇奇。

图4-25　武器手杖的攻击效果

2.动画绑定

小猪奇奇的角色动画是骨骼动画，程序无法对其进行修改。接下来将为小猪奇奇添加程序动画，让它的骨骼动画和程序动画融合在一起，共同播放。换句话说，小猪奇奇可以同时播放两个动画。实现该功能需要用到动画绑定包 Animation Rigging。

现在角色动画的问题是，为小猪奇奇添加了手杖之后，它的动画没有任何改变，这样很不真实。通常情况下，人拿着武器站立、行走和跑步的时候，手会因为武器的重量而倾斜向前。然而，当小猪奇奇拿着手杖静立的时候，看不出手杖有重量。

这是一个细节问题，笔者选择动画绑定来解决。

动画绑定的解决方案是，当制作角色的骨骼动画时，动画师不必考虑角色拿武器的情形，只需要专注于角色动画本身。只有这样，动画师才能输出一个独立的角色动画。若游戏需要，在为角色添加武器之后，可以用程序动画来表现角色拿着武器的动作。

（1）骨骼渲染脚本——Bone Renderer

下面整理一下游戏场景。先把场景 Testing Ground 1 重命名为 Testing Game，将其作为游戏的主场景。然后双击打开场景 Testing Game，把物体 Game 下的所有物体拖出来，并删除空物体 Game。图 4-26 所示是调整后的场景截图。

图 4-26　整理后的游戏场景

在结构面板中，定位到小猪奇奇的根物体 PigChef，先查看该物体是否有动画组件 Animator，如果有，则在该物体上添加脚本组件 Bone Renderer，如图 4-27 所示。

图 4-27　骨骼渲染脚本——Bone Renderer

把小猪奇奇模型的骨骼节点指定给其脚本组件Bone Renderer的列表参数Transforms。如此一来，在场景面板中，小猪奇奇的骨骼节点就可以显示出来了。开发者可以在场景面板中直接选中角色的骨骼节点，不需要在结构面板中查找。

（2）绑定组件脚本——Rig Builder

选中物体PigChef，为其添加脚本组件Rig Builder，脚本组件Rig Builder负责管理本角色下所有的动画绑定。另外，脚本组件Rig Builder创建了一个绑定层Rig Layers，用于存放绑定。在绑定层Rig Layers中，每个绑定的右侧都有一个勾选框，通过该勾选框，可以随时关闭或开启某个绑定，如图4-28所示。

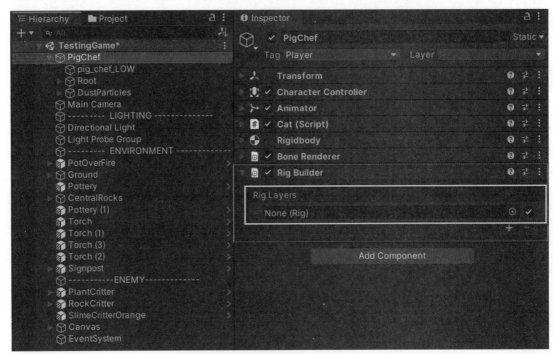

图4-28　绑定组件脚本——Rig Builder

（3）创建动画绑定——Character Rig

组件脚本Rig Builder创建完成后，可以创建动画绑定了。

新建一个空物体PigChef>GameObject，将其重命名为CharacterRig，并为其添加脚本组件Rig，如图4-29所示。

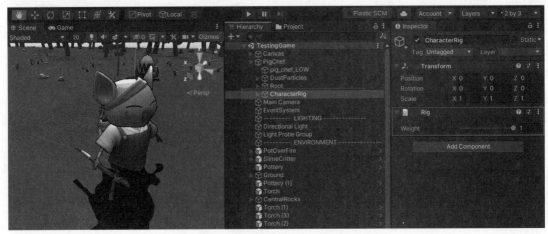

图4-29　创建动画绑定——CharacterRig

创建完成后，先定位到物体PigChef的脚本组件Rig Builder的绑定层Rig Layers，再把动画绑定CharacterRig指定到绑定层Rig Layers中，如图4-30所示。

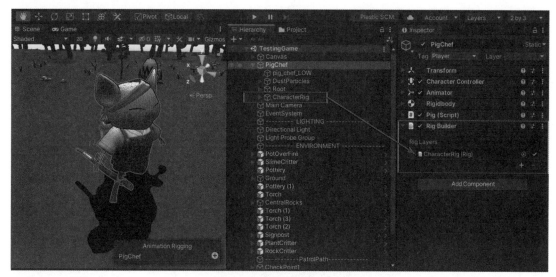

图4-30 指定动画绑定

（4）添加动画约束——双骨IK约束

动画约束是指一个约束脚本Constraint，它用控制物体Controller控制被约束的骨骼节点，从而做出各种动作。举个例子，约束脚本就像一个"听话符"，把它贴到人的一根骨骼上，这个骨骼将变得非常听话。控制物体Controller向左移动，这个骨骼也会向左移动，动作一模一样，骨骼会照着控制物体的移动轨迹移动。

◆ 新建约束物体

新建3个空物体，将它们分别重命名为Right Arm IK、RH IK Target和RH IK Hint。其中，Right Arm IK是约束脚本物体，RH IK Target是控制物体，RH IK Hint是连接点。

◆ 添加约束脚本

选中约束脚本物体Right Arm IK，为其添加双骨IK约束组件Two Bone IK Constraint，如图4-31所示。

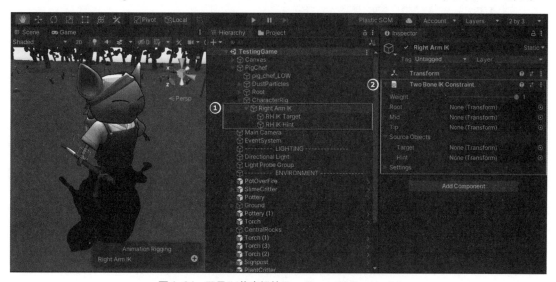

图4-31 双骨IK约束组件Two Bone IK Constraint

◆ 对齐控制物体和骨骼节点

先选中控制物体RH IK Target，按住Ctrl键的同时，选中骨骼节点RightHand，单击菜单Animation Rigging，选择Align Transform，把两者的位置和旋转对齐，如图4-32所示。

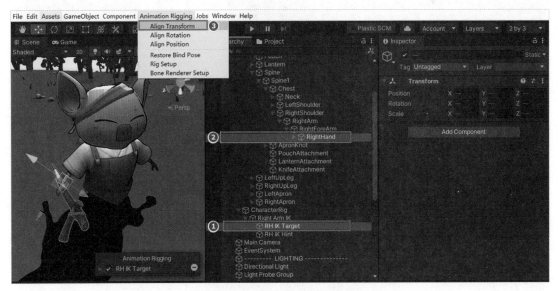

图4-32　对齐控制物体和骨骼节点

◆ 设置连接点的位置

连接点也可以称为铰链，用于连接骨骼节点。当骨骼节点跟随控制物体移动时，与之相连的骨骼节点也会跟着移动，这要归功于两个骨骼节点中间的连接点。例如，手移动的时候，会连带着胳膊一起动，这是因为中间有手腕连接，这里的手腕就是连接点。图4-33所示是设置连接点位置的操作截图。

01 按住Ctrl键的同时，选中连接点RH IK Hint和前臂骨骼RightForeArm。这里需要注意的是，小猪奇奇的骨骼上没有手腕和肘部骨骼节点，所以选择前臂骨骼作为连接点。倘若角色有腕部和肘部骨骼节点，则要选择肘部骨骼节点。

02 打开菜单Animation Rigging，选择Align Transform，把连接点的位置和旋转对齐到前臂骨骼上，使两者位置相同。

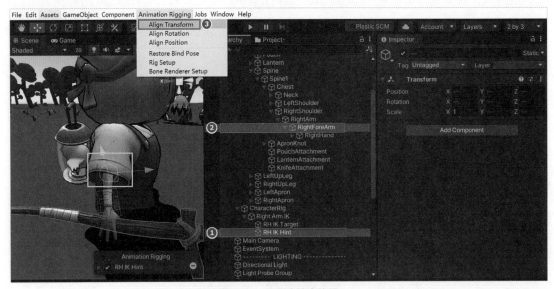

图4-33　设置连接点位置

03 在结构面板中单击连接点RH IK Hint，在场景面板中会显示出连接点的模型坐标系，如图4-34所示。选中连接点的z轴，将其朝负方向拖动一段距离。

图4-34　连接点后移

（5）制作程序动画

选中约束脚本物体Right Arm IK，为其脚本组件Two Bone IK Constraint指定变量，如图4-35所示。

图4-35　指定变量

01 把角色的3根骨骼节点——右胳膊、右前臂、右手，分别对应指定给脚本组件的3个约束物体变量——Root、Mid、Tip。

02 把约束的两个子物体——控制物体和连接点，分别指定给脚本组件的两个控制物体变量——Target、Hint。

这里需要说明的是，约束脚本的功能是，程序用控制物体Target和Hint，控制约束物体Root、Mid和Tip的运动。保存修改。

（6）指定变量

运行游戏，通过拖动控制物体RH IK Target，把小猪奇奇的右手调整到合适的位置，如图4-36所示。微微向前倾斜的右手，可明显感觉到手杖的重量。

图4-36　调整RH IK Target

通过拖动连接点RH IK Hint，把小猪的前臂胳膊抬到合适的高度，这样看起来小猪在用力拿着手杖，如图4-37所示。

图4-37　调整连接点RH IK Hint

到这里，一个手臂的程序动画就基本制作完成了。最后，还有一个很重要的调整，权重调整。

之前，小猪奇奇的右胳膊只有骨骼动画，并随着身体而动，当角色站立、行走或跑步时，它的胳膊会有不同的摆动。现在给小猪奇奇的右胳膊加了一个程序动画，当小猪奇奇拿着手杖站立、行走或跑步的时候，它的右胳膊会有一个微微前倾的动作。当运行游戏时，小猪奇奇的右胳膊会同时播放两个动画，它们分别是骨骼动画（胳膊摆动）和程序动画（胳膊微微前倾）。

于是，这就产生了一个问题：小猪的右胳膊应该偏重程序动画还是骨骼动画呢？

解决方案是，当同时播放两种动画时，角色会根据动画权重来选择倾向于哪一个动画。动画权重就是最后的调整，这里把双骨IK约束组件的权重设置为0.25，表示小猪的右胳膊会播放3/4的骨骼动画，同时还会播放1/4的程序动画，如图4-38所示。如果将程序动画的权重设为1，则小猪奇奇的右胳膊将只播放程序动画，如图4-39所示。

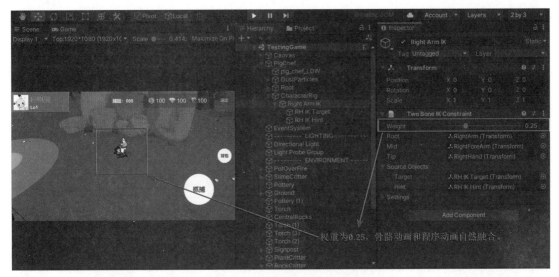

图 4-38　权重为 0.25 时自然融合

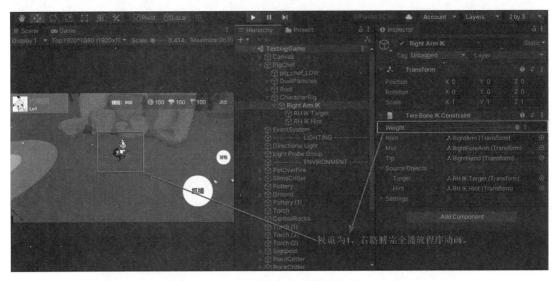

图 4-39　权重为 1 时只播放程序动画

本质上，动画权重指的是角色的一个骨骼的位置，是骨骼动画中该骨骼的位置和程序动画中该骨骼的位置按比例相加得到的结果。

手杖动画的绑定终于完成了，大家运行游戏，看看效果吧。

4.2　敌人动画

《小猪奇奇》的普通角色有两种：第 1 种是固定位置的食人花，第 2 种是爬行的蜗牛。本节将为它们实现更有生命力的角色动画。

Unity 为开发者提供了一个简单实用的动画系统。动画状态机的工作原理是：当实现游戏动画时，通过动画状态机把各个动画片段连接起来，通过设置条件来选择播放什么动画。一个状态机的核心思想是为角色在某一时刻指定一个特定的动作，比如一个角色有 3 个动作，它们分别是站立、巡逻和攻击，当遇到敌人时，处于站立动作的角色会切换到攻击动作，攻击敌人。具体实现动画状态机的是动画控制器 Animator，如图 4-40 所示。一个角色的动画控制器Animator包括3个部分，分别是动画片段、状态切换条件和记录变量，动画控制器通过记录变量判定状态切换条件是否满足，从而选择播放哪个动画片段。

总之，动画状态机控制着角色的动画切换。

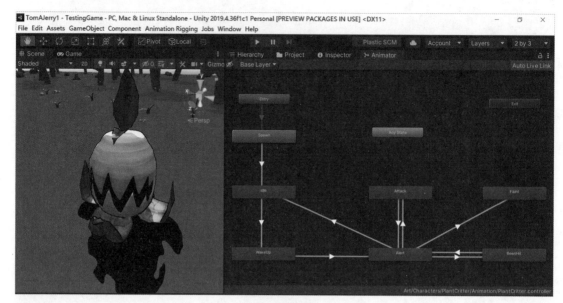

图4-40　动画控制器Animator

本节将引入一个新的状态机，即有限状态机（Finite-State Machine，FSM），它和动画状态机都采用了状态机的设计理念。但是，和动画状态机不同的是，有限状态机控制的不是角色的动画切换，而是角色的状态切换。通常，开发者使用有限状态机来实现游戏机器人的各种行为，这里所说的游戏机器人是指非玩家控制的游戏角色（Non-Player Character，NPC）。

如图4-41所示，一个典型的NPC的有限状态机包含了3个角色状态：巡逻Patrol、追逐Chase和攻击Attack。默认情况下，NPC会一直停留在巡逻状态，直到状态切换条件满足时，它才会切换到下一个状态。

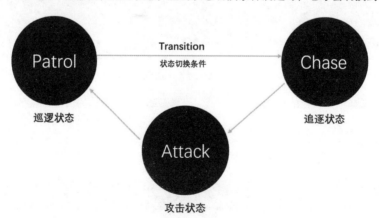

图4-41　典型的NPC的有限状态机

举个例子，某游戏中的小野怪NPC有3个状态，它们分别是巡逻状态、追逐状态和攻击状态。当与英雄角色的距离超过20米时，小野怪NPC会一直停留在巡逻状态；当与英雄角色的距离小于20米时，小野怪NPC会切换到追逐状态，并且会一直追逐英雄角色；当与英雄角色的距离小于5米时，小野怪NPC会切换到攻击状态，并且一直攻击英雄角色。图4-42所示是小野怪NPC的有限状态机示意图。

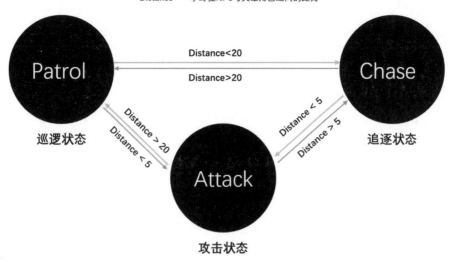

图4-42　小野怪NPC的有限状态机

在状态机中，每一个状态都包含3个阶段：进入阶段Enter、停留阶段Update和退出阶段Exit。继续以小野怪NPC为例来说明这3个阶段。当巡逻状态的切换条件满足时，状态机执行巡逻状态的进入阶段Enter，小野怪NPC进入巡逻状态；这时，状态机循环执行巡逻状态的停留阶段Update，小野怪NPC一直停留在巡逻状态；直到状态退出条件满足时，状态机执行巡逻状态的退出阶段Exit，小野怪NPC退出巡逻状态，如图4-43所示。至此，一个状态才算是执行完毕。

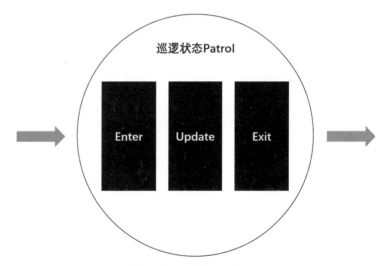

图4-43　状态的3个阶段

理论讲完了，下面是实践部分。

4.2.1　有限状态机的简单实现

如果要简单实现上述小野怪NPC的状态机，只需要写一个简单的脚本，将其命名为NPC。脚本NPC的完整代码如下所示。

```
using System.Collections;
using System.Collections.Generic;
```

```csharp
using UnityEngine;

///小野怪NPC的状态机的简单实现
public class NPC : MonoBehaviour
{
    //NPC的默认状态——巡逻
    string State="PATROL";
    Animator anim;
    public Transform player;
    public float distance;
    void Start()
    {
        anim=this.GetComponent<Animator>();
    }

    void Update()
    {
        //NPC 与玩家的距离
        distance=-(player.position-this.transform.position).magnitude;
        //切换NPC的状态
        if(distance>20.0f)
        {
            State="PATROL";
        }
        if(distance<20.0f && distance>5.0f)
        {
            State="CHASE";
        }
         if(distance<5.0f)//新增攻击状态
        {
            State="ATTACK";
        }
        //判断NPC的当前状态
        if(State=="PATROL")
        {
            anim.SetTrigger("IsWalking");
            anim.speed=1.0f;
        }
        else if(State=="CHASE")
        {
            anim.SetTrigger("IsWalking");
            anim.speed=2.0f;
        }
        else if(State=="ATTACK")//攻击状态的执行——播放攻击动画
        {
            anim.SetTrigger("InAttacking");
            anim.speed=1.0f;
        }
    }
}
```

需要说明的是，上述代码由两部分组成。第1部分是NPC状态的切换，默认NPC处于巡逻状态PATROL，当与角色的距离小于20米时，状态变量State将被赋值为追逐状态CHASE，NPC的状态将随之切换为追逐状态；当与角色的距离小于5米时，状态变量State将被赋值为攻击状态ATTACK，NPC的状态将随之切换为攻击状态。第2部分是NPC状态的执行，当被判断为巡逻状态时，NPC播放行走动画；当被判定为追逐状态时，NPC播放跑步动画。当被判断为攻击状态时，NPC播放攻击动画；如此看来，要实现角色的状态切换，一个实现了上述代码的脚本便足够了，为什么要为角色创建有限状态机呢？

带着疑问，我们来做一个假设。假设要为NPC新增一个逃跑状态RUNAWAY，当NPC与玩家的距离大于10米且小于15米时，血量较低的NPC将会逃跑，避免和角色进行战斗。

下面来修改代码。这里脚本需要修改的部分有两个：第1个是NPC状态的切换，把NPC与角色距离在范围[10,15]内的追逐状态改成逃跑状态；第2个是NPC状态的执行，需要新增逃跑行为，并且要保证它与其他状态之间的独立性。修改后的脚本如下所示。

```
void Update()
{
    //NPC与玩家的距离
    distance=-(player.position-this.transform.position).magnitude;
    //切换NPC的状态
    if(distance>20.0f)
    {
        State="PATROL";
    }
    if((distance<20.0f && distance>15.0f)||(distance<10.0f && distance>5.0f))//新增
逃跑状态而导致的更改
    {
        State="CHASE";
    }
     if(distance<5.0f)//新增攻击状态
    {
        State="ATTACK";
    }
     if(distance>10.0f && distance<15.0f)//新增逃跑状态
    {
        State="RUNAWAY";
    }
    //判断NPC的当前状态
    if(State=="PATROL")
    {
        anim.SetTrigger("IsWalking");
        transform.Translate(0,0,1.0f); //向前移动
        anim.speed=1.0f;
    }
    else if(State=="CHASE")
    {
        anim.SetTrigger("IsRunninging");
        transform.Translate(0,0,1.0f);//向前移动
        anim.speed=2.0f;
    }
    else if(State=="ATTACK")//攻击状态的执行——播放攻击动画
    {
```

```
        anim.SetTrigger("InAttacking");
        anim.speed=1.0f;
    }
    else if(State=="RUNAWay")//逃跑状态的执行——播放逃跑动画
    {
        anim.SetTrigger("IsRunning");
        transform.Translate(0,0,-1.0f);//向后移动
        anim.speed=1.0f;
    }
}
```

需要注意的是，脚本只新增了一个状态，代码的修改不算复杂。可是当脚本新增10个状态的时候，代码的逻辑必然将变得盘根错节，这个状态机将很难维护。重要的是，每次新增状态都需要修改其他状态的代码，这必然会导致其他状态的代码产生逻辑错误，因此这个状态机会很难扩展。总之，这个简单的状态机不易维护，可扩展性也差，只能用在简单的角色上。

正因如此，接下来将实现一种专业的有限状态机，同时把这个专业的有限状态机应用到《小猪奇奇》的敌人角色上，为爬行的蜗牛和食人花赋予更多的生命力。

4.2.2　爬行的蜗牛

在游戏中，蜗牛的位置不变，一直待在原地保持站立状态。蜗牛的动画一共有7个，它们分别是站立1、站立2、移动、警告、攻击、撞击和死亡，如图4-44所示。其中，默认动画是站立动画。虽说蜗牛是游戏角色，但它不由玩家控制，所以蜗牛是一个NPC角色。蜗牛NPC是一个智能角色，下面将为它实现一个专业的有限状态机，让蜗牛NPC拥有真实、自然的状态。

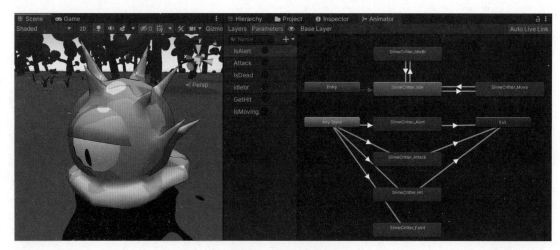

图4-44　蜗牛的动画

实现之前，先梳理清楚蜗牛状态机的工作流程。

蜗牛状态机的工作流程是在3个状态之间有规律地切换，如图4-45所示。第1个是巡逻状态，蜗牛将沿着固定路线巡逻，直到游戏主角进入它的警告范围时，蜗牛才会切换到追逐状态。第2个是追逐状态，当游戏主角进入蜗牛的警告范围时，蜗牛将从巡逻状态切换成追逐状态，并且它会一直追赶游戏主角，直到游戏主角逃出蜗牛的警告范围，蜗牛才会回到巡逻状态。第3个是攻击状态，当游戏主角进入蜗牛的攻击范围时，蜗牛会从追逐状

态切换到攻击状态,并且,它会一直攻击游戏主角,直到游戏主角逃出攻击范围,蜗牛才会回到追逐状态。

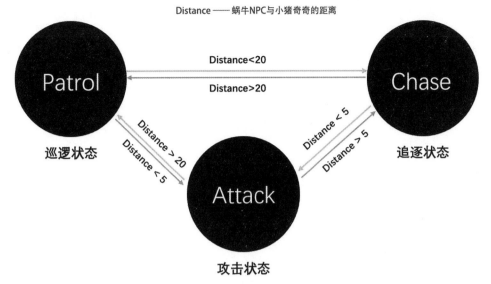

图4-45 蜗牛NPC的有限状态机

1. 状态机基类

先编写一个状态机的基类State,蜗牛的所有状态都将继承这个基类。然后在基类State中定义一个枚举类型的变量STATE,用来表示蜗牛的状态。大家还记得一个状态包含的3个阶段吗?这3个阶段分别是Enter、Update和Exit,我们再定义一个枚举类型的变量EVENT,用来表示这3个阶段。

好了,开始写代码吧!

打开Unity,新建文件夹Assets>Scripts>Finite State Machine,在文件夹Finite State Machine中新建脚本State,双击打开脚本State,编写代码。脚本State的代码如下所示。

```
using UnityEngine;
using UnityEngine.AI;

// 蜗牛状态机将用于实现蜗牛NPC的各种行为,这些行为包括巡逻、追逐和攻击
public class State
{
    //蜗牛的状态
    public enum STATE
    {
        PATROL,
        CHASE,
        ATTACK
    };
    //状态的3个阶段
    public enum EVENT
    {
        ENTER,
        UPDATE,
        EXIT
    };
    public STATE name;//当前状态
    public EVENT stage;//状态的当前阶段
```

```
protected GameObject npc;//NPC

protected Animator anim;//动画控制器
protected NavMeshAgent agent;//代理机器人
protected Transform player;//游戏主角——玩家控制
public State nextState;//下一个状态

float visDist=10.0f;//NPC的可见距离
float visAngle=30.0f;//NPC的可见角度
float attcakDist=7.0f;//NPC的攻击距离

public State(GameObject _npc,NavMeshAgent _agent,Animator _anim,Transform _player)
{
    npc=_npc;
    agent=_agent;
    anim=_anim;
    player=_player;
    stage=EVENT.ENTER;
}

public virtual void Enter(){stage=EVENT.UPDATE;}
public virtual void Update(){stage=EVENT.UPDATE;}
public virtual void Exit(){stage=EVENT.EXIT;}

//状态机的执行过程
public State Process()
{
    if(stage==EVENT.ENTER) Enter();
    if(stage==EVENT.UPDATE) Update();
    if(stage==EVENT.EXIT)
    {
        Exit();
        return nextState;
    }
    return this;
}
}
```

需要说明的是，函数Process()先判断角色当前的状态在哪一个阶段，是进入阶段还是退出阶段？然后依据判断结果调用相应的阶段函数。阶段函数Enter()、Update()和Exit()将为角色实现不同的角色行为。好了，有了清晰明确的基类，我们终于可以实现蜗牛的具体状态了。

实现蜗牛的具体状态之前，先要设置一下角色和场景。既然蜗牛可以在场景中行走巡逻，那么就需要为蜗牛创建一个可行走的范围。

2.自动寻路功能

接下来用导航功能来创建蜗牛的可行走范围。

01 回到Unity，找到菜单Windows，选择Windows>AI>Navigation，如图4-46所示。

02 定位到导航功能面板Navigation，选择Bake选项卡。第1个参数Baked Agent Size展示了机器人Agent的尺寸，这个机器人是一个半径为0.5米、高度为2米的圆柱体，参数中的45°表示它能爬上的坡度最高是45°。

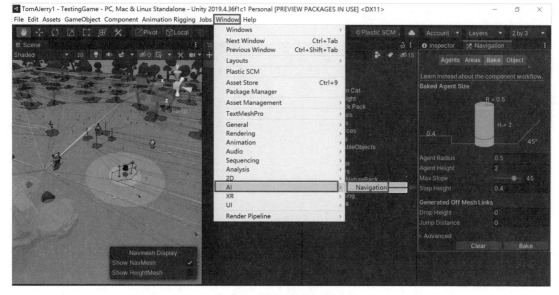

图4-46　设置导航功能参数

和高德地图一样，导航功能是一个为角色提供实时路线的功能包。在游戏运行的时候，导航功能会为角色实时地计算出一条可行走的路线，让角色沿着这条可行走的路线行走或者奔跑。这里需要说明的是，要在游戏运行时能够实时地计算出一条可行走的路线，导航功能必须在游戏非运行时做一些计算准备，准备什么呢？

计算出一条路线，导航功能需要提前准备的数据有两个。第1个是角色可以行走的范围，简称可行走范围。原因是导航计算出的实时路线必须在可行走范围之内才是有效的路线，之外则无效。第2个是代理机器人的尺寸参数，简称角色尺寸参数。所谓代理，是指机器人只是一个代替实际角色进行线路计算的模型，是一个通用的角色。无论运行游戏时实际角色是什么，也无论实际角色的尺寸是多少，导航在计算路线时考虑的都不是实际角色，而是一个通用的角色，即代理机器人。

现在的问题是，导航功能计算实时路线要角色尺寸参数做什么？

导航功能算出的路线是一条给实际角色行走用的路线，所以导航功能必须知道的数据是：一个通用角色最高能爬上多少度的斜坡，最小能通过的宽度，最低能通过的高度。因为只有知道这些，导航功能才能得出一条可用的路线。归根结底，这些数据都取决于通用角色的尺寸，所以导航功能需要通用角色的尺寸参数。

03 保持角色尺寸参数为默认值，如图4-47所示。单击Bake按钮，一个可行走范围就产生了。

角色尺寸参数如下。

角色半径：**0.5**米。
角色高度：**2**米。
最大斜坡角度：**45°**。
台阶高度：**0.4**米。

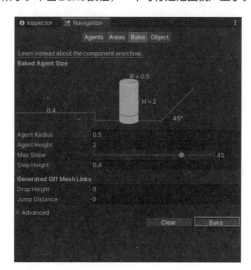

图4-47　角色尺寸参数

游戏场景中的蓝色区域就是蜗牛的可行走范围，如图4-48所示。

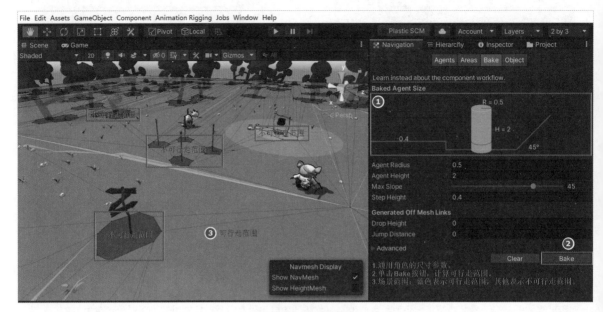

图4-48　可行走范围

到这里，蜗牛就有了可行走范围。之后，蜗牛还要有沿路线行走的能力，也就是自动寻路能力。下面为蜗牛添加自动寻路的能力。

04　在结构面板中找到蜗牛物体SlimeCritter，为它添加代理机器人组件Nav Mesh Agent，如图4-49所示。

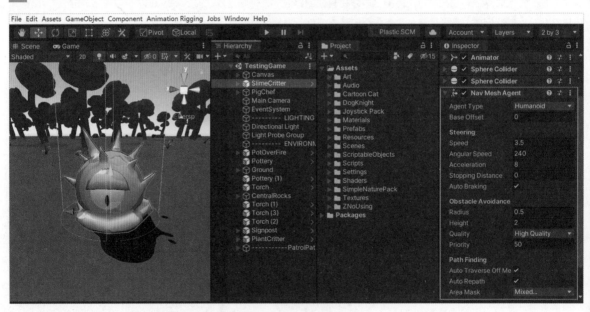

图4-49　Nav Mesh Agent组件

至此，蜗牛的自动寻路功能实现了。

3.巡逻状态

回到脚本，下面来实现蜗牛的站立状态和巡逻状态。

（1）蜗牛的状态脚本

蜗牛状态的基类State已经实现了，站立状态Idle和巡逻状态Patrol是基类State的子类。这里将把它们的代码逻辑写在基类State下面。站立状态Idle和巡逻状态Patrol的代码如下所示。

```
// === 站立状态 Idle===
public class Idle:State
{
    public Idle(GameObject _npc,NavMeshAgent _agent,Animator _anim,Transform _player)
            : base(_npc,_agent,_anim,_player)
    {
        name=STATE.IDLE;
    }
    public override void Enter()
    {
        anim.SetBool("IsMoving",true);
        base.Enter();
    }
    public override void Update()
    {
        if(Random.Range(0,100)<100.0f)
        {
            nextState=new Patrol(npc,agent,anim,player);
            stage=EVENT.EXIT;
        }
    }
    public override void Exit()
    {
        anim.SetBool("IsMoving",false);
        base.Exit();
    }
}
// ===巡逻状态Patrol===
public class Patrol:State
{
    int currentIndex=-1;
    public Patrol(GameObject _npc,NavMeshAgent _agent,Animator _anim,Transform _player)
            : base(_npc,_agent,_anim,_player)
    {
        name=STATE.PATROL;
        agent.speed=2.0f;
        agent.isStopped=false;
    }

    public override void Enter()
    {
        currentIndex=0;
        anim.SetBool("IsMoving",true);
        base.Enter();
    }

    public override void Update()
    {
        if(agent.remainingDistance<1)
        {
```

```
        if(currentIndex >= GameEnviroment.Instance.CheckPoints.Count-1)
        {
            currentIndex=0;
        }
        else
        {
            currentIndex++;
        }
        agent.SetDestination(GameEnviroment.Instance.CheckPoints[currentIndex].
transform.position);
    }
}

public override void Exit()
{
    anim.SetBool("IsMoving",false);
    base.Exit();
}
}
```

掌握了基类State的逻辑之后，相信大家一定能看明白上述两个状态的逻辑。这里需要注意的是，巡逻状态Patrol的函数Update()中有一个单例类GameEnvironment，引用代码如下所示。

```
    agent.SetDestination(GameEnviroment.Instance.CheckPoints[currentIndex].transform.
position);
```

函数agent.SetDestination(Vector3 point)的意思是给代理机器人agent指定一个终点位置point，让代理机器人agent沿着导航计算出来的路线走到这个终点位置point。显然给代理机器人agent传入的终点位置是`GameEnviroment.Instance.CheckPoints[currentIndex].transform.position`。

编写单例类GameEnvironment的目的是创建一个地方来存储蜗牛的巡逻线路点，让巡逻状态能够随时使用。需要说明的是，不仅仅是巡逻状态，状态机中的每一个状态都必须能够读取这些路线点，所以这些路线点必须是全局变量，并且还要拥有唯一的访问入口点。因此上面用单例类GameEnvironment来存储这些路线点。

变量CheckPoints是单例类GameEnvironment用来存储巡逻路线点的一个位置数组。单例类GameEnvironment负责从场景中读取蜗牛的巡逻路线点，并将它们存储在上述位置数组CheckPoints中。如此一来，状态机中的每一个状态都不需要单独读取场景中的巡逻路线点了，而是直接调用单例类GameEnvironment即可。正如上述代码所示，巡逻路线点数组CheckPoint的调用语句如下所示。

```
    GameEnviroment.Instance.CheckPoints[currentIndex]
```

到这里，相信大家一定明白单例类GameEnvironment的用处了。单例类GameEnvironment的完整代码如下所示。

```
using System.Collections.Generic;
using UnityEngine;
using System.Linq;//排序算法所需的引用库

//游戏环境类——单例类
public sealed class GameEnviroment
```

```
{
    private static GameEnviroment instance;
    private List<GameObject> checkPoints=new List<GameObject>();//巡逻路线点列表
    public List<GameObject> CheckPoints{ get{return checkPoints;} }
    public static GameEnviroment Instance
    {
        get
        {
            if(instance==null)
            {
                instance=new GameEnviroment();
                instance.checkPoints.AddRange(GameObject.FindGameObjectsWithTag("CheckP
oint"));//找到场景中所有的带有CheckPoint标签的点
                instance.checkPoints=instance.checkPoints.OrderBy(waypoint=>waypoint.
name).ToList();//排序算法：把路线点按照物体名字排序
            }
            return instance;
        }
    }
}
```

这里需要注意的是，从场景中读取路线点，单例类使用的查找函数是GameObject.FindGameObjectsWithTag("CheckPoint")，查找函数通过标签CheckPoint查找并返回所有的路线点，这很实用。唯一的问题是，查找函数返回的位置数组没有被排序，所以脚本无法确定路线点的顺序。这会引发一个错误：在运行游戏之后，角色使用这些路线点排成路线的时候，有可能不会按照开发者在场景中预先设置好的路线进行。这是一个需要处理的错误，于是，单例类使用了一个按照物体名字排序的算法OrderBy(waypoint=>waypoint.name).ToList()，把所有路线点按照名字排序。如此一来，开发者只要在场景中按照名称来设置路线点顺序，那么实际运行游戏时，角色就一定会沿着预设的路线走。

好了，另外再提一点，排序算法OrderBy()是C#库文件System.Linq中的一个函数，所以脚本GameEnvironment需要为此添加一个新引用，如下所示。

```
using System.Linq;//排序算法所需的引用库
```

到这里，单例类GameEnvironment就彻底讲明白了。

回到主线，继续实现蜗牛的巡逻状态。

大家应该不难察觉，蜗牛的巡逻状态的实践路线很长，这里有必要对其进行梳理。前文实践已经实现了蜗牛的巡逻状态脚本Patrol，在场景中创建了蜗牛的可行走范围，同时也拥有了蜗牛物体和游戏主角物体。后续实践将实现蜗牛的控制脚本，同时在场景中创建蜗牛巡逻的路线点，然后在Unity中把上述脚本和相关物体关联起来。完成后续实践，蜗牛的巡逻状态就实现了。

（2）蜗牛的控制脚本

回到Unity，在文件夹Scripts下新建蜗牛的控制脚本，将其命名为Critter，双击打开，来到VS中编写脚本Critter。

角色控制脚本新增了一个角色当前状态变量currentState，用来表示角色当前的状态。在开始函数Start()中新建一个站立状态Idle，并将其赋值给角色当前变量currentState，让角色默认处于站立状态。在更新函数Update()中，当前状态currentState调用了角色当前状态的执行函数Process()，用来执行角色在当前状态中的行为和逻辑，并依据条件为当前状态切换不同的阶段：Enter、Update、Exit。角色的状态将在状态机中切换，每个状态的阶段也在状态机中切换，和这个控制脚本无关。控制脚本代码如下所示。

```
using UnityEngine;
using UnityEngine.AI;

//脚本：蜗牛的控制类
public class Critter : MonoBehaviour
{
    private Animator anim;
    private NavMeshAgent agent;
    public Transform player;
    private State currentState;
    // Start is called before the first frame update
    void Start()
    {
        anim=this.GetComponent<Animator>();
        agent=this.GetComponent<NavMeshAgent>();
        //新建一个站立状态，让角色默认进入站立状态
        currentState=new Idle(this.gameObject,agent,anim,player);

    }

    // Update is called once per frame
    void Update()
    {
        //在角色控制脚本中，调用蜗牛的当前状态的执行函数Process()
        //让角色在当前状态中运行起来，并返回下一个状态
        currentState=currentState.Process();
    }
}
```

需要说明的是，角色控制脚本Critter和状态脚本Patrol之间同步的数据只有一个：角色的当前状态currentState。状态脚本每次切换了角色的当前状态之后，会立刻把角色的当前状态同步给角色控制脚本的角色当前状态变量currentState。同步状态用的是状态机的执行函数Process()，所以角色控制脚本Critter中的核心语句是currentState=currentState.Process()。

（3）新建路线点

回到Unity，新建5个物体，分别是CheckPoint1、CheckPoint2、CheckPoint3、CheckPoint4、CheckPoint5，如图4-50所示。按住Ctrl键，同时选中上述5个物体，把它们的标签设置为CheckPoint，如图4-51所示。

图4-50　新建物体

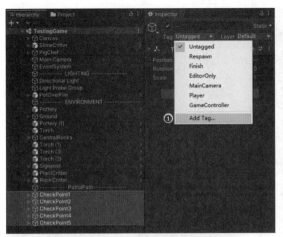 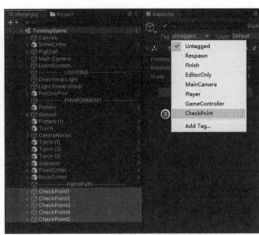

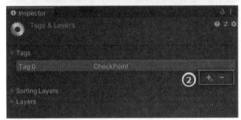

给路线点添加标签 — **CheckPoint**。

图4-51　添加标签

这里需要提醒的是，标签的名字不要拼写错，因为在单例类 Game Environment 的查找函数 GameObject. FindObjectWithTags(string tag) 中，这个标签 CheckPoint 会作为参数传递给查找函数。

（4）关联物体

回到Unity，为蜗牛物体SlimeCritter添加脚本组件Critter，并把游戏主角物体PigChef指定给Critter的变量 Player，如图4-52所示。

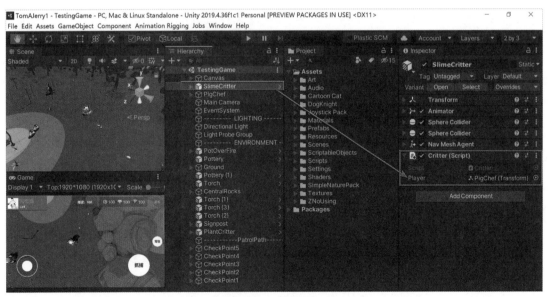

图4-52　关联物体

运行游戏，测试蜗牛的巡逻状态，如图4-53所示。

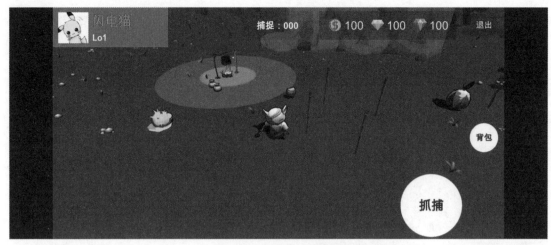

图4-53　蜗牛的巡逻状态

此时，蜗牛是一个更有生命力的角色了。

4. 攻击状态

生命力有了，蜗牛与厉害角色之间还差一个攻击状态。下面给蜗牛补一个攻击状态。

蜗牛的状态机的功能逻辑是：默认蜗牛处在巡逻状态；直到蜗牛与游戏主角的距离小于20米时，蜗牛将立刻切换到追逐状态，并且会一直追赶游戏主角，这时，蜗牛的追逐状态能切换到的下一个状态共有两个，第1个是当游戏主角逃出追逐范围时，蜗牛回到巡逻状态，第2个是当蜗牛与游戏主角的距离小于5米时，蜗牛切换到攻击状态；如果切换到攻击状态，则蜗牛将一直攻击游戏主角，直到与游戏主角的距离再次大于5米时，蜗牛切换回追逐状态。

前面已经实现了蜗牛的巡逻状态，下面将实现蜗牛的追逐状态和攻击状态。

（1）蜗牛的状态脚本

来到Unity，双击打开脚本State，切换到VS，开始编写追逐状态和攻击状态的代码。

需要说明的是，把蜗牛的全部状态都写到脚本State中，是为了方便调试。追逐和攻击的功能逻辑是，当游戏主角进入蜗牛的可见范围时，蜗牛切换到追逐状态，并且会一直追赶游戏主角，直到游戏主角进入蜗牛的攻击范围时，蜗牛切换到攻击状态，并且会一直攻击游戏主角。上述逻辑中有两个范围，第1个是蜗牛的可见范围，也就是蜗牛的视线范围；第2个是蜗牛的攻击范围。

首先，实现蜗牛的可见范围。

蜗牛的可见范围是由它的可见距离和可见角度决定的，脚本State中定义了蜗牛的这两个变量，第1个可见距离变量 visDist=10.0f，第2个可见角度变量visAngle=30.0f（这两个变量确定后，蜗牛的可见范围就确定了），如图4-54所示，这表示蜗牛的视锥体是距离蜗牛10米、左右夹角60度的一个圆锥体。需要说明的是，蜗牛的视锥体是其可见范围。

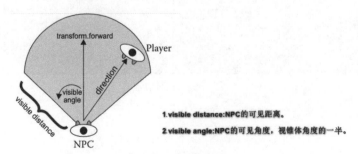

1. visible distance：NPC的可见距离。

2. visible angle：NPC的可见角度，视锥体角度的一半。

图4-54　蜗牛的视锥体

在脚本State中新建判断函数CanSeePlayer()，用来判断蜗牛是否能看见游戏主角，即游戏主角是否在蜗牛的可见范围内。判断函数CanSeePlayer()的代码如下所示。

```
//NPC是否能看见玩家Player
    public bool CanSeePlayer()
    {
        Vector3 direction=player.position-npc.transform.position;
        float angle=Vector3.Angle(direction,npc.transform.forward);
        //可视化范围：一个视角60度、可视距离10米的视锥体
        if( direction.magnitude<visDist && angle<visAngle )
        {
            return true;
        }
        return false;
    }
```

其次，实现蜗牛的攻击范围。

可见范围是蜗牛前方的一个扇形范围，而攻击范围是绕蜗牛一圈的圆形范围。脚本State定义了攻击距离变量attackDist=7.0f，这表示蜗牛的攻击范围是以蜗牛为圆心、半径7.0米的一个圆形范围。另外，脚本State将定义一个攻击判断函数CanAttackPlayer()，状态机使用它来判断蜗牛是否可以攻击游戏主角，即游戏主角是否在蜗牛的攻击范围之内。判断函数CanAttackPlayer()的代码如下所示。

```
//NPC是否可以攻击玩家Player
    public bool CanAttackPlayer()
    {
        Vector3 direction=player.position-npc.transform.position;

        if(direction.magnitude<attcakDist)
        {
            return true;
        }
        return false;
    }
```

最后，把上述两个判断函数写到类State中，以保证其他状态可以使用这两个判断函数。实现判断函数之后，我们来实现蜗牛的追逐状态和攻击状态。

```
//===追逐状态Chase===
public class Chase:State
{
    public Chase(GameObject _npc,NavMeshAgent _agent,Animator _anim,Transform _player)
                : base(_npc,_agent,_anim,_player)
    {
        name=STATE.CHASE;
        agent.speed=5.0f;
        agent.isStopped=false;
    }

    public override void Enter()
    {
```

```
        anim.SetBool("IsMoving",true);
        base.Enter();
    }

    public override void Update()
    {
        //把玩家位置设置为NPC追逐的目标位置
        agent.SetDestination(player.position);
        //判断导航是否计算出路线

        if(agent.hasPath)
        {
            //当游戏主角进入了NPC的可攻击范围，NPC进入攻击状态
            if(CanAttackPlayer())
            {
                nextState=new Attack(npc,agent,anim,player);
                stage=EVENT.EXIT;
            }
            else if(!CanSeePlayer())//当游戏主角逃出了NPC的可见范围，NPC进入巡逻状态
            {
                nextState=new Patrol(npc,agent,anim,player);
                stage=EVENT.EXIT;
            }
        }
    }

    public override void Exit()
    {
        anim.SetBool("IsMoving",false);
        base.Exit();
    }
}

//===攻击状态Attack===
public class Attack:State
{
    float rotationSpeed=2.0f;
    AudioSource shoot;

    public Attack(GameObject _npc,NavMeshAgent _agent,Animator _anim,Transform _player)
              : base(_npc,_agent,_anim,_player)
    {
        name=STATE.ATTACK;
        shoot=_npc.GetComponent<AudioSource>();
    }

    public override void Enter()
    {
        agent.isStopped=true;//NPC停止寻路
        anim.SetTrigger("Attack");//播放攻击动作
        shoot.Play();//播放攻击音效
        base.Enter();
    }
```

```
public override void Update()
{
    Vector3 direction=player.position-npc.transform.position;
    float angle=Vector3.Angle(npc.transform.forward,direction);
    //保证NPC一直面向游戏主角
    npc.transform.rotation=Quaternion.Slerp(npc.transform.rotation,
                                          Quaternion.LookRotation(direction),

                                          Time.deltaTime * rotationSpeed);
    //如果游戏主角逃出了NPC的可攻击范围，则NPC切换到初始状态：站立
    if(!CanAttackPlayer())
    {
        nextState=new Idle(npc,agent,anim,player);
        stage=EVENT.EXIT;
    }
}

public override void Exit()
{
    anim.ResetTrigger("Attack");
    shoot.Stop();
    base.Exit();
}
}
```

需要说明的是，在攻击状态的执行函数Update()中，当游戏主角逃出攻击范围之后，脚本把NPC的下一个状态nextState设置为了站立状态Idle。这是因为，当NPC处于站立状态时，会自动切换到巡逻状态。这里设置最后一个状态的下一个状态是第一个状态，状态机便实现了一个完整循环。

另外，脚本还没有为追逐状态增加入口点逻辑，也就是说，蜗牛状态机的全部状态都无法进入追逐状态。接下来，在站立状态和巡逻状态的代码中分别添加一个追逐状态的入口点。

把追逐状态的入口点写在站立状态的阶段函数Update()中，修改后的阶段函数的代码如下所示。

```
public override void Update()
{
    if(CanSeePlayer())
    {
        nextState=new Chase(npc,agent,anim,player);
        stage=EVENT.EXIT;
    }
    else if(Random.Range(0,100)<100.0f)
    {
        nextState=new Patrol(npc,agent,anim,player);
        stage=EVENT.EXIT;
    }
}
```

同样地，把追逐状态的入口点写在巡逻状态的阶段函数Update()中，修改后的阶段函数的代码如下所示。

```
public override void Update()
{
    if(agent.remainingDistance<1)
```

```
{
    if(currentIndex >= GameEnviroment.Instance.CheckPoints.Count-1)
    {
        currentIndex=0;
    }
    else
    {
        currentIndex++;
    }
    agent.SetDestination(GameEnviroment.Instance.CheckPoints[currentIndex].
transform.position);
}
if(CanSeePlayer())
{
    nextState=new Chase(npc,agent,anim,player);
    stage=EVENT.EXIT;
}
}
```

到这里，蜗牛的所有状态添加完成了，运行游戏，看看效果吧。

（2）运行测试

运行游戏，当小猪奇奇靠近蜗牛时，处于巡逻状态的蜗牛会立刻追击小猪，不仅如此，等追上小猪奇奇的时候，蜗牛还会立刻发动攻击，如图4-55所示。现在的蜗牛是个货真价实的厉害角色了。

测试的结果是，蜗牛的可见范围和攻击范围需要调整，代码如下所示。依据经验值调整之后，蜗牛的追击过程变得更自然、更真实了。

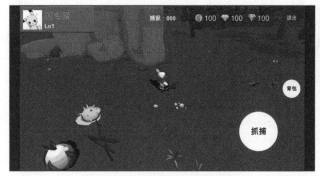

图4-55　正在追击小猪奇奇的蜗牛

```
float visDist=10.0f;//NPC的可见距离
float visAngle=30.0f;//NPC的可见角度
float attcakDist=3.0f;//NPC的攻击距离
```

需要提醒大家的是，脚本的可见范围、攻击范围和动画速度都是经验值，需要细化和调试，这些值会因游戏的类型不同而有所变化。

熟能生巧，只要多尝试多实践，大家一定可以调试出合适的效果。

到这里，角色动画的实践就圆满完成了，如图4-56所示。

图4-56　大功告成

第5章

核心玩法

本章实践的知识点有3个。第1个是游戏流程，这部分将把整个游戏跑通，查漏补缺，把游戏框架补充完整，实践的重点是游戏框架；第2个是游戏主角，这部分将以游戏主角的探险为主线，实现小猪奇奇捕捉敌人、获取奖励、使用背包物品等主线功能，实践的重点是核心玩法；第3个是PC版本，这部分将发布一个PC版本的《小猪奇奇》，并对其进行实际测试，实践的重点是发布和测试。

5.1 游戏流程

Unity项目的游戏框架包括4个组成部分：游戏界面、游戏逻辑、游戏数据和游戏网络，如图5-1所示。游戏框架是一款游戏的骨架，初学者往往很难接触到一款游戏的框架，因为一款游戏的框架在开发之初就基本确定了。游戏框架不包含具体的游戏逻辑。游戏逻辑是一款游戏的精神，类型不同，游戏的逻辑将完全不同。另外，就算是类型相同的游戏，它们的游戏逻辑有时也可能会千差万别。通常，初学者最先接触到的是游戏逻辑，因为进入游戏团队之后，开发者的工作往往是先开发一些基本的逻辑功能，比如开发一个玩法、一个背包或者实现一个精灵系统等。游戏数据是一款游戏的血液，供应着游戏机体的所有活动。网络是一款游戏的社交属性，游戏角色之间是否有交流，游戏玩法是否包含多人对战功能等，这些决定了一款游戏是单机游戏还是网络游戏。

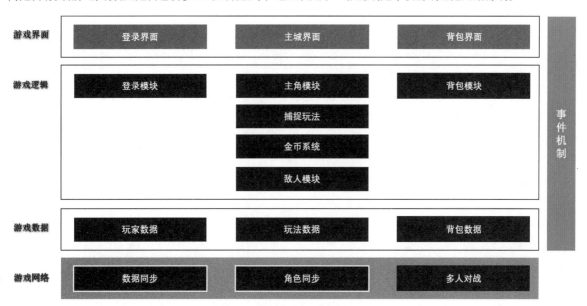

图5-1 游戏框架

需要说明的是，手游既可以是单机游戏也可以是网络游戏，这取决于它是否具有网络功能。《小猪奇奇》是一款单机游戏，没有网络功能。所以，本节实践将不涉及网络部分。

前文的实践已经实现了游戏界面、游戏逻辑和事件机制。本节实践将仍然以小猪奇奇的探险为主线，在跑通游戏的过程中，专注于游戏数据的实现。

5.1.1 战斗逻辑

第4章为蜗牛添加了动画，现在它已经有了攻击能力。另外，游戏主角小猪奇奇也早已蠢蠢欲动，迫不及待地想要踏上征程了。

可现在的问题是，《小猪奇奇》的游戏角色没有战斗数值，比如小猪奇奇被攻击时不会受伤，蜗牛被持续攻击时也不会死亡。另外，玩家的背包中没有真实的物品数据，游戏主角既不能拾取物品，也不能使用物品。没有游戏数据，一款游戏就没有供应玩法的循环血液，总之，这款游戏现在还玩不了。

玩不了？这是个大问题。接下来就解决这个大问题。

1. 蜗牛的战斗逻辑

正常情况下，一款游戏的敌人角色应该既能攻击游戏主角，又能受到游戏主角的攻击。也就是说，一个游戏角色的战斗数值最起码应该包括两个：第1个是攻击值，当一个角色攻击敌人时，攻击值决定了它对敌人能造成多大的伤害；第2个是生命值，即一个角色的血量，当角色受到攻击时，生命值决定了它能活多久。

这里以小猪奇奇和蜗牛为例来介绍一下战斗数值的计算规则。

①假设小猪奇奇的生命值是2000、攻击值是200，蜗牛的生命值是1000、攻击值是100。

②当蜗牛攻击小猪奇奇1次，因为蜗牛的攻击值是100，所以小猪奇奇受到的伤害值是100，此时小猪奇奇的生命值会减掉100，变成1900。

③当小猪奇奇攻击蜗牛1次，因为小猪奇奇的攻击值是200，所以蜗牛受到的伤害值是200，此时蜗牛的生命值会减掉200，变成800。

至此，战斗逻辑讲明白了。

2. 蜗牛的被攻击逻辑

打开Unity，选中蜗牛物体SlimeCritter，双击打开其控制脚本Critter，切换到VS。

首先，为脚本Critter新增两个变量：第1个是蜗牛的攻击值变量damage，第2个是蜗牛的生命值变量currentHealth。同时，为脚本Critter新增3个函数，第1个是触发器函数OnTriggerEnter()，第2个是被攻击函数ReceiveAnAttack()，第3个是死亡函数CritterIsDeath()。

其次，用上述变量和函数把蜗牛的被攻击逻辑梳理清楚。蜗牛的被攻击逻辑是，当有碰撞体碰到蜗牛的时候，控制脚本Critter会调用触发器函数，触发器函数会判断碰撞体是不是武器，如果是则说明蜗牛被攻击了，此时控制脚本将调用蜗牛的被攻击函数来计算其生命值会减少多少。当蜗牛被持续攻击时，如果其生命值一直减少，直到小于零时，控制脚本会判定蜗牛死亡了。当蜗牛死亡时，控制脚本将调用死亡函数来销毁蜗牛。

最终修改后，蜗牛的控制脚本Critter如下所示。

```
using System.Collections;
using System.Collections.Generic;
using UnityEngine;
using UnityEngine.AI;

//脚本：蜗牛的控制类
public class Critter : MonoBehaviour
{
    private Animator anim;
    private NavMeshAgent agent;
    public Transform player;
    private State currentState;
```

```
public float currentHealth=1000.0f;//蜗牛的生命值1000
public float damage=100.0f;//蜗牛的伤害值100
public DropItem critterItem = default;//蜗牛死亡后掉落的物品
public bool IsDead = default;
// Start is called before the first frame update
void Start()
{
    anim=this.GetComponent<Animator>();
    agent=this.GetComponent<NavMeshAgent>();
    //新建一个站立状态，让角色默认进入站立状态
    currentState=new Idle(this.gameObject,agent,anim,player);
}


// Update is called once per frame
void Update()
{
    //在角色控制脚本中，调用蜗牛的当前状态的执行函数Process()
    //让角色在当前的状态中运行起来，并返回下一个状态
    currentState=currentState.Process();
}
/// <summary>
/// 触发器函数：当碰到蜗牛的碰撞体other是武器时，则判定蜗牛被攻击了
/// </summary>
/// <param name="other"></param>
private void OnTriggerEnter(Collider other)
{
    Weapon playerWeapon = other.GetComponent<Weapon>();
    if (playerWeapon != null && playerWeapon.Enable)
    {
        ReceiveAnAttack(playerWeapon.AttackStrength);
    }
}
/// <summary>
/// 被攻击函数：当蜗牛被攻击1次时，蜗牛的生命值减少damage
/// </summary>
/// <param name="damage">伤害值</param>
void ReceiveAnAttack(int damage)
{
    currentHealth -= damage;
    if (currentHealth < 0)
    {
        IsDead = true;
    }
}
/// <summary>
/// 死亡函数：当蜗牛的生命值小于零时，在蜗牛的右前方实例化一个掉落物品，同时销毁蜗牛
/// </summary>
public void CritterIsDeath()
{
    float randPosRight = Random.value * 2 - 1.0f;
    float randPosForward = Random.value * 2 - 1.0f;
```

```
        GameObject collectableItem = GameObject.Instantiate(critterItem.Prefab,
                                           transform.position+2*(randPosRight*tran
sform.right+randPosForward*transform.forward),
                                           transform.rotation);
        GameObject.Destroy(this.gameObject);
    }
}
```

通过自主探索，相信大家一定可以理解上述代码。

阅读代码时需要注意，一段逻辑的入口点或者事件的响应函数。例如，上述代码中有两个入口点。第1个是触发器函数OnTriggerEnter()，当蜗牛被攻击时，脚本Critter调用了函数OnTriggerEnter()，并且由此开启了蜗牛被攻击的逻辑路线。第2个是死亡函数CritterIsDeath()，当蜗牛的生命值小于零时，死亡函数CritterIsDeath()被调用并且执行了蜗牛的死亡逻辑。

从入口点梳理代码，清晰又简单！

大家应该不难发现，死亡函数的调用函数不在脚本Critter中，而是在脚本State中。这引出了另一个脚本，蜗牛的状态机脚本State。在实现被攻击逻辑的同时，蜗牛的状态也在发生变化，所以接下来还要为蜗牛添加新状态。

3.蜗牛的死亡状态

回到Unity，双击打开脚本State，切换到VS。

在脚本State中，新增蜗牛的死亡状态Death，并在攻击状态Attack中为死亡状态添加入口点。这里的修改涉及了蜗牛的攻击状态和死亡状态，修改代码如下所示。

```
//===攻击状态Attack===
public class Attack:State
{
    float rotationSpeed=2.0f;
    AudioSource shoot;
    public Attack(GameObject _npc,NavMeshAgent _agent,Animator _anim,Transform _player)
                : base(_npc,_agent,_anim,_player)
    {
        name=STATE.ATTACK;
        // shoot=_npc.GetComponent<AudioSource>();
    }
    public override void Enter()
    {
        agent.isStopped=true;//NPC停止寻路
        anim.SetTrigger("Attack");//播放攻击动作
        // shoot.Play();//播放攻击音效
        base.Enter();
    }
    public override void Update()
    {

        Vector3 direction=player.position-npc.transform.position;
        float angle=Vector3.Angle(npc.transform.forward,direction);
        //保证NPC一直面向游戏主角
        npc.transform.rotation=Quaternion.Slerp(npc.transform.rotation,
                                           Quaternion.LookRotation(direction),
```

```
                                          Time.deltaTime * rotationSpeed);
        //如果游戏主角逃出了NPC的可攻击范围，则NPC切换到初始状态：站立
        if(!CanAttackPlayer())
        {
            nextState=new Idle(npc,agent,anim,player);
            stage=EVENT.EXIT;
        }
        //死亡状态的入口点：如果NPC死亡了，则进入死亡状态
        if (npc.GetComponent<Critter>().IsDead)
        {
            nextState = new Death(npc,agent,anim,player);
            stage = EVENT.EXIT;
        }
    }
    public override void Exit()
    {
        anim.ResetTrigger("Attack");
        base.Exit();
    }
}
//===死亡状态Death===
public class Death : State
{
    public Death(GameObject _npc, NavMeshAgent _agent, Animator _anim, Transform _player)
                : base(_npc, _agent, _anim, _player)
    {
        name = STATE.DEATH;
    }

    public override void Enter()
    {
        agent.isStopped = true;
        anim.SetTrigger("IsDead");
        base.Enter();
    }
    public override void Update()
    {
        stage = EVENT.EXIT;
    }
    public override void Exit()
    {
        anim.ResetTrigger("IsDead");
        npc.GetComponent<Critter>().CritterIsDeath();//调用脚本Critter中的CritterIsDeath,
销毁NPC
        base.Exit();
    }
}
```

4. 武器手杖的攻击值

在上述实践中，蜗牛的触发器函数OnTriggerEnter()实现了蜗牛是否被攻击的判定逻辑。如代码所示，蜗牛是否被攻击的判定逻辑是，当碰到蜗牛的碰撞体是武器时，蜗牛才算被攻击。

```
/// <summary>
/// 触发器函数：当碰到蜗牛的碰撞体 other 是武器时，则判定蜗牛被攻击了
/// </summary>
/// <param name="other">碰撞体</param>
private void OnTriggerEnter(Collider other)
{
    Weapon playerWeapon = other.GetComponent<Weapon>();
    if (playerWeapon != null && playerWeapon.Enable)
    {
        ReceiveAnAttack(playerWeapon.AttackStrength);
    }
}
```

01 小猪奇奇的武器是一根手杖，在结构面板中，搜索WalkingCane，找到手杖物体，如图5-2所示。

图5-2　手杖WalkingCane

02 新建武器脚本Weapon，这个脚本的代码如下所示。

```
using System.Collections;
using System.Collections.Generic;
using UnityEngine;
/// <summary>
/// 武器脚本
/// </summary>
public class Weapon:MonoBehaviour
{
    [SerializeField]
    private int attackStrength = default;
    [SerializeField]
    private bool enable = default;
    //是否启动
    [SerializeField]
    public bool Enable { get=>enable;set { enable = value; } }
    //攻击值
    public int AttackStrength
    {
```

```
        get => attackStrength;
    }
}
```

03 把脚本 Weapon 拖到手杖上，设置手杖的攻击值 Attack Strength 为 100，勾选 Enable 选项，如图 5-3 所示。

图 5-3　设置攻击值

至此，武器手杖的设置完成。

5. 为蜗牛的控制脚本重新指定参数

前文修改了蜗牛的控制脚本 Critter，现在为其重新指定参数，如图 5-4 所示。

①设置蜗牛的生命值为 1000，攻击值为 100。

②设置蜗牛死亡时掉落的物品。

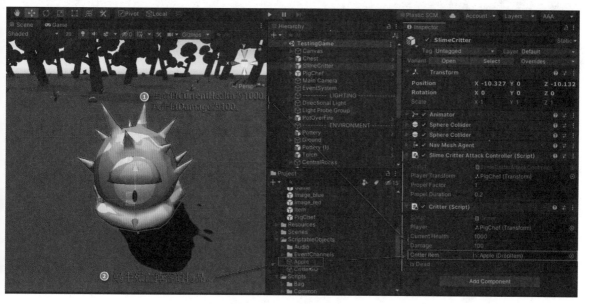

图 5-4　重新指定脚本参数

这里需要说明的是,蜗牛的掉落物品变量Critter Item 的引用参数是文件夹ScriptableObjects 中的 Apple 文件。蜗牛死亡后掉落的是一箱苹果。

好了，蜗牛的被攻击功能终于实现了。

接下来，运行游戏测试一下吧。如图5-5所示，小猪奇奇正在攻击蜗牛。

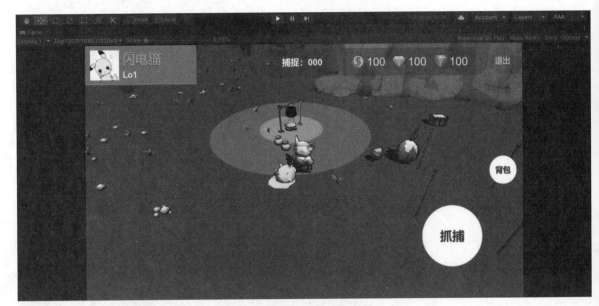

图5-5　小猪奇奇正在攻击蜗牛

蜗牛死亡后，掉落了一箱苹果，如图5-6所示。

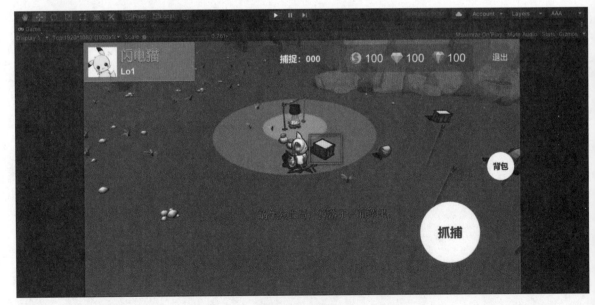

图5-6　掉落物品

好了，小猪奇奇可以攻击蜗牛了，它用的武器是一根古朴的手杖。小猪奇奇的攻击值是100，蜗牛的生命值是1000，小猪奇奇攻击蜗牛10次后，蜗牛就死亡了。蜗牛死亡后，会掉落了一箱苹果。

掉落苹果是游戏的物品掉落功能，物品是如何掉落的呢？

带着问题，继续实践下面的内容。

5.1.2 物品掉落

下面将以掉落物品的实现为主线，来讲解游戏数据的实现。

Unity游戏的数据资源有丰富的种类，比如脚本、模型、材质、动画、图片、音频和视频等。尽管数据资源的种类多元化，开发者也没有必要对所有的种类都了如指掌。

正所谓术业有专攻，动画师需要精通的是动画，程序员需要精通的是脚本，而模型师需要精通的是模型和贴图。正是因为每个部分都有专业的人负责，大家各司其职，一个团队才能朝气蓬勃，取得更好的成果。

开发者应该继续以脚本为主，为一款游戏贡献自己的力量。

1. 物品掉落的逻辑

大多数游戏都有物品掉落功能，但又不尽相同。《小猪奇奇》是一款3D动作探险类游戏，掉落的物品是一箱苹果，如图5-7所示。

图5-7　一箱苹果

下面来写代码。

打开蜗牛的控制脚本 Critter，切换到 VS。

脚本最后的代码已经实现了蜗牛的死亡函数 CritterIsDeath()，死亡函数实现了蜗牛的销毁逻辑，也实现了物品的掉落逻辑，代码如下所示。

```
/// <summary>
/// 死亡函数：当蜗牛的生命值小于零时，在蜗牛的右前方实例化一个掉落物品，同时销毁蜗牛物体
/// </summary>
public void CritterIsDeath()
{
    float randPosRight = Random.value * 2 - 1.0f;
    float randPosForward = Random.value * 2 - 1.0f;

    GameObject collectableItem = GameObject.Instantiate(critterItem.Prefab,
                                    transform.position+2*(randPosRight*
transform.right+randPosForward*transform.forward),
                                    transform.rotation);
```

```
        GameObject.Destroy(this.gameObject);
    }
}
```

上面这段代码的核心语句是一个实例化函数 GameObject.Instantiate() 的实例化操作。下面这行代码是实例化函数的定义，显然它是一个泛型类，默认类 T 是 GameObject 类。

```
public static T Instantiate<T>(T original,Vector3 position, Quaternion rotation) where
T : Object;
```

需要说明一下实例化函数的3个参数。第1个是预制体参数 original，每次实例化，脚本调用的就是预制体 original。实际上，脚本的实例化功能和场景的实例化功能一样，两者的过程都是把预制体加载进或拖进游戏场景，之后，Unity 会自动创建一个和预制体 original 一样的物体，如图5-8所示。

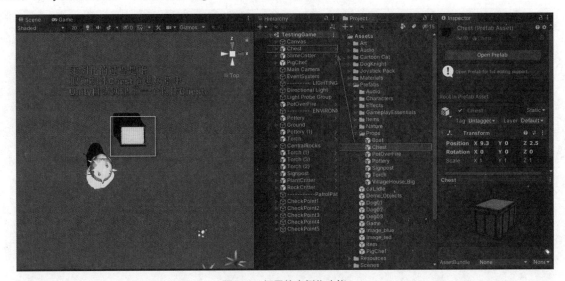

图5-8　场景的实例化功能

第2个是位置参数 Vector3 position，被实例化出来的物体将被放在一个随机位置 Position。第3个是旋转参数 Quaternion rotation，被实例化出来的物体将有一个旋转朝向 Rotation。第2个和第3个参数设置的是一个物体的位置，这个操作对应到 Unity 场景中，是对物体的位置组件 Transform 的设置，如图5-9所示。

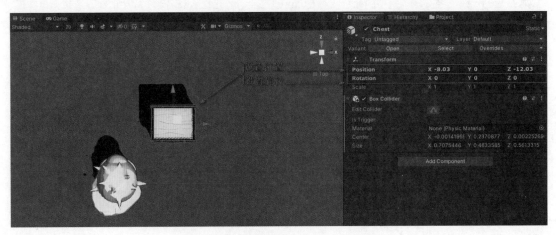

图5-9　物体的位置组件 Transform 的设置

下面要分析的是第2个参数，它给物品指定了一个掉落位置。重点是，掉落位置是一个实时计算出来的位置，这里的实时计算采用了一个随机位置算法。

随机位置算法：transform.position+2*(randPosRight*transform.right+randPosForward*transform.forward)。

翻译后的算法：蜗牛当前的位置+2×（随机数 × 蜗牛的左右方向＋随机数 × 蜗牛的前后方向）。具体来看，随机位置算法的逻辑有以下两点。

①蜗牛的左右方向——x轴。

随机数randPosRight的数值范围是(-1,1)，方向向量transform.right是(1,0,0)，所以随机算法2*randPosRight*transform.right的范围是(-2,0,0)到(2,0,0)，这表示在蜗牛的左右方向上4米宽的范围内，随机出了掉落位置的x坐标。

②蜗牛的前后方向——z轴。

随机数randPosForward的数值范围是(-1,1)，方向向量transfrom.forward是(0,0,1)，所以随机算法2*randPosForward*transform.forward的范围是(0,0,-2)到(0,0,2)，这表示在蜗牛的前后方向上4米宽的范围内，随机出了掉落位置的z坐标。

随机算法计算出的随机范围是一个以蜗牛为原点、宽度4米、高度4米的正方形，掉落位置将在这个正方形内随机出来，如图5-10所示。也就是说，小猪奇奇杀掉了一只蜗牛以后，在蜗牛的随机范围内会出现一箱苹果。

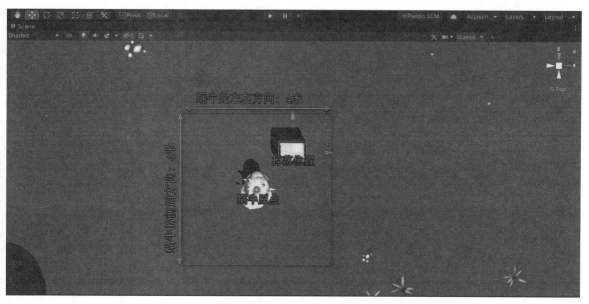

图5-10　物品掉落的位置

2. 物品数据

运行游戏，大家应该不难发现，小猪奇奇眼睁睁看着一箱苹果，却怎么也捡不起来。这到底是怎么回事？正常情况下，游戏主角自由地穿梭在游戏的世界里，杀死一只怪物，捡起一个掉落的物品，或把物品放到背包里，等需要的时候再使用。

但现在的情况是，前文实践仅仅实现了物品的掉落逻辑，物品的功能逻辑还没有实现。也就是说，物品确实掉落了，但是它还不能被捡起来。小猪奇奇不能捡起物品的原因是什么？小猪奇奇没能力捡？还是物品没有被捡的功能？

答案是两者都有，小猪奇奇还没有捡东西的能力，物品也没有被捡起来的功能。这里先来解决第2个问题，让物品有被捡起来的功能。解决问题之前，先来看看一个物品的功能应该有哪些？

一个物品掉落的功能，必须有两个逻辑。

①一个物品要有自己的物品信息，比如一个红红的苹果、一瓶神奇的圣水或者一把锋利的刀。

②一个物品能被玩家捡起来，比如玩家蹲下捡起了这个物品，随后物品消失了。

（1）物品的信息

回到Unity，新建脚本DropItem，双击打开，切换到VS，将其基类MonoBehaviour改成ScriptableObject，把DropItem创建为一个ScriptableObject文件。

```
public class DropItem:ScriptableObject
```

ScriptableObject是一种脚本文件，它有两个实用之处：第1个是作为数据存储文件，用来存储游戏数据；第2个是作为中间脚本，用于实现事件机制、输入层等脚本。

把DropItem定义为ScriptableObject文件，使用的是ScriptableObject的数据存储功能。新代码将用DropItem来存储物品的信息。需要注意的是，DropItem仅仅定义了物品的信息结构，至于具体物品，则是DropItem的具体实例化对象。换句话说，DropItem仅仅是物品的模子。

回到VS，编写掉落物品DropItem的代码，如下所示。

```
/// <summary>
/// 掉落物品的信息
/// </summary>
[CreateAssetMenu(fileName = "DropItem", menuName = "Critter/DropItem", order = 2)]
public class DropItem:ScriptableObject
{
    [SerializeField]
    private string _name;
    [SerializeField]
    private Sprite _previewImage;
    [SerializeField]
    private string _description;
    [SerializeField]
    private BagItemType _itemType = default;
    [SerializeField]
    private GameObject _prefab;

    [SerializeField]
    public string Name => _name;
    [SerializeField]
    public Sprite PreviewImage => PreviewImage;
    [SerializeField]
    public string Description => _description;
    [SerializeField]
    public BagItemType ItemType => _itemType;
    [SerializeField]
    public GameObject Prefab => _prefab;
}
```

上述代码表示一个物品有5个信息，它们分别是物品名称、预览图片、物品描述、物品类型和物品预制体。

现在来创建一个实际的物品。从哪里创建呢？先来看看上述代码中的下面这行语句。

```
[CreateAssetMenu(fileName = "DropItem", menuName = "Critter/DropItem", order = 2)]
```

这行代码表示，当在工程面板中右击时，弹出的快捷菜单中会多出一个新选项Critter>DropItem，选择该选项即可创建一个实际物品。

接下来创建一箱红红的苹果。

01 在工程面板中，右击文件夹ScriptableObjects，选择Create>Critter>DropItem，如图5-11所示。

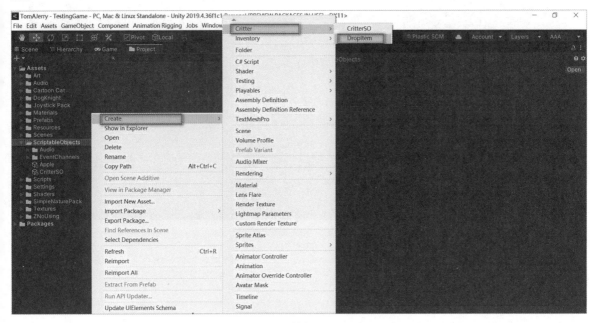

图5-11　创建DropItem

02 创建成功后，将其重命名为Apples，然后设置物品信息，如图5-12所示。

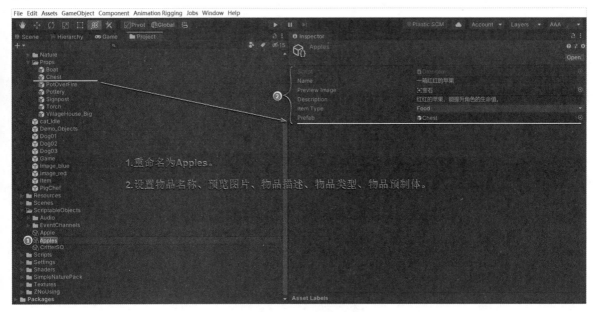

图5-12　物品信息设置

物品信息的设置如下。

物品名称：一箱红红的苹果。预览图片：宝石。物品描述：红红的苹果，能提升角色的生命值。物品类型：Food。物品预制体：Chest。

把刚刚创建的实际物品Apples指定给蜗牛的控制脚本Critter，如图5-13所示，让蜗牛能够掉落物品。

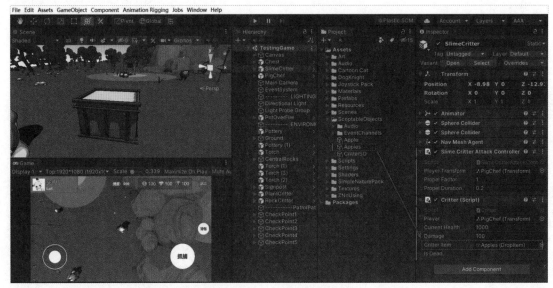

图5-13 指定脚本

前文已经实现了物品的掉落，只是当时遗留了一个问题：物品的数据是怎么来的？这个问题在此处提出，并在此处解答，最为恰当。

下面继续实现物品的功能逻辑。

现在，物品的信息功能实现了，接下来实现物品被捡起功能。

（2）物品被捡起的逻辑

新建物品的控制脚本DropItemController，双击打开脚本DropItemController，为物品添加一个触发器函数OnTriggerEnter()，触发器函数实现的逻辑是：当玩家碰到物品时，物品将被捡起来。

```csharp
/// <summary>
/// 物品的控制脚本
/// </summary>
public class DropItemController : MonoBehaviour
{
    [SerializeField]
    private DropItem currentItem=default;
    /// <summary>
    /// 物品数据
    /// </summary>
    public DropItem CurrentItem
    {
        set => currentItem = value;
    }

    public DropItem GetItem()
    {
        return currentItem;
    }

    void Awake()
    {
        EventManager.Instance.onDropItemPick += OnPicked;//为物品的捡起事件添加响应函数OnPicked
```

```
    }

    void OnDestroy()
    {
        EventManager.Instance.onDropItemPick -= OnPicked;//为物品的捡起事件去掉响应函数OnPicked

    }

    /// <summary>
    /// 触发器函数
    /// </summary>
    /// <param name="other"></param>
    void OnTriggerEnter(Collider other)
    {
        if (other.tag == "Player")
        {
            //发送物品被捡起事件
            EventManager.Instance.OnDropItemPickEvent(currentItem);
        }
    }
}
```

触发器函数的具体逻辑是：当玩家碰到物品时，物品会发送一个捡起物品事件。若要继续主线任务，则必须先梳理清楚捡起物品事件的整个流程，如图5-14所示。

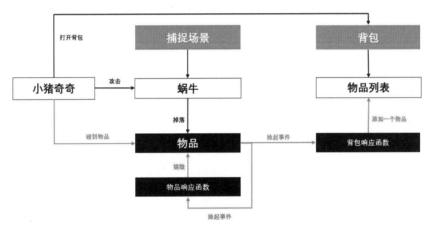

橙色表示捡起物品事件的全流程逻辑

图5-14　捡起物品事件的整个流程

好了，捡起物品事件的整个流程就梳理清楚了。接下来开始实践。

◆ 定义事件

在事件机制脚本EventManager中定义捡起物品事件。

```
/// <summary>
/// 定义捡起物品事件
/// </summary>
public delegate void OnDropItemPick(DropItem dropItem);
public event OnDropItemPick onDropItemPick;
```

```
/// <summary>
/// 捡起物品事件的调用函数
/// </summary>
/// <param name="dropItem">被捡起的物品</param>
public void OnDropItemPickEvent(DropItem dropItem)
{
    if (onDropItemPick != null)
    {
        onDropItemPick(dropItem);
    }
}
```

◆ 添加事件监听者

需要知道该事件的物体有两个，它们分别是物品本身和角色背包。下面只把物品添加为事件的监听者。在物品的控制脚本 DropItemController 中添加监听代码，如下所示。

```
void Awake()
    {
        EventManager.Instance.onDropItemPick += OnPicked;//为物品的捡起事件添加响应函数
OnPicked
    }

    void OnDestroy()
    {
        EventManager.Instance.onDropItemPick -= OnPicked;//为物品的捡起事件去掉响应函数
OnPicked
    }
```

◆ 实现监听者的响应逻辑

在物品的控制脚本 DropItemController 中添加事件的响应函数 OnPicked。响应函数的逻辑是，当收到物品被捡起的事件时，响应函数会把事件中的物品和自己对比，如果发现自己就是被捡起来的那个物体，则销毁自己。在脚本 DropItemController 中添加响应函数 OnPicked() 的代码，如下所示。

```
/// <summary>
/// 物品被捡起来之后，立刻销毁物体
/// </summary>
/// <param name="dropItem"></param>
void OnPicked(DropItem dropItem)
{
    if (dropItem.Id == currentItem.Id && dropItem.Name==dropItem.Name)
    {
        GameObject.Destroy(this.gameObject);
    }
}
```

到这里，物品被捡起的逻辑实现了，接下来回到 Unity 中，为物品指定控制脚本。

（3）关联物体

回到主线，为物品 Chest 添加脚本组件 DropItemController。同时，把物品数据 Apples 指定给脚本 DropItemController 的当前物品变量 Current Item，如图 5-15 所示。

因为脚本DropItemController中有一个触发器函数OnTriggerEnter()，所以将Chest的碰撞体组件Box Collider的触发器Is Trigger勾选上，即表示设置变量Is Trigger为True。

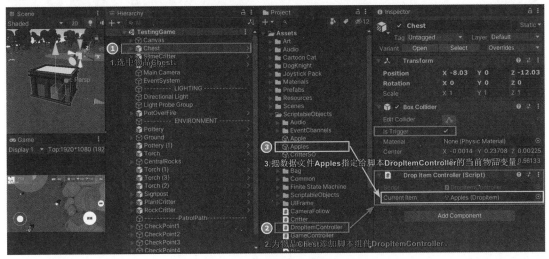

图5-15　添加脚本并指定变量

运行游戏，测试结果，如图5-16所示。小猪奇奇击败了一只蜗牛，场景中掉落了一个箱子，小猪奇奇走过去，把掉落的箱子捡起来了。

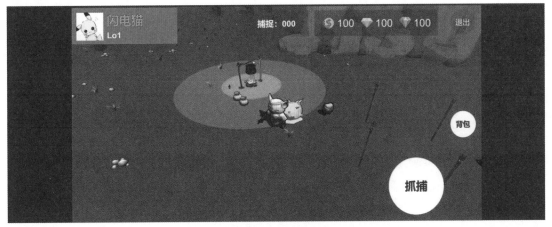

图5-16　攻击蜗牛

如果你的运行结果如图5-17和图5-18所示，那么恭喜你，大功告成了。如果运行结果不正确，也不用慌，认真找原因。无论如何，相信你一定可以实践成功的。

图5-17　掉落箱子

图5-18　捡起箱子

3. 蜗牛数据

　　起初，蜗牛是一只萌萌的小角色，它一直迷茫地待在原地，既没有逻辑功能也没有数据。而现在，蜗牛是有战斗力的狠角色了，它一直在四处巡逻，一心想捕获猎物，既有逻辑也有数据。蜗牛的逻辑功能已经清楚了，但是蜗牛有哪些数据呢？

　　带着问题，下面先来看看游戏数据有哪些分类。游戏数据可以被分成静态数据和动态数据两类，如图5-19所示。通常情况下，不会随着玩家的升级而变化的内容是静态数据，比如开始游戏按钮上的文字"开始游戏"，玩家某个物品的介绍信息等。而动态数据是指随着玩家升级而一直变化的数据，比如玩家等级、生命值、攻击值、防御值，以及背包的物品列表等数据，这些随时会变化的数据需要存放到游戏服务器上，才能保证玩家数据的动态性和安全性。

静态数据	动态数据
界面上的固定文字	玩家的等级、生命值、攻击值、防御值
物品、皮肤、武器的描述文字	玩家的金币、蓝钻和红钻数量

图5-19　静态数据和动态数据

　　《小猪奇奇》是一个纯粹的单机游戏，它没有游戏服务器。静态数据的存储用Excel、Text等都行，而动态数据的存储就不行了。面对这个问题，Unity官方推出了ScriptableObject，用来存储游戏的动态数据。也就是说，没有游戏服务器，一样能实现需要动态数据支撑的功能，比如玩家因升级而导致的战斗数值的更新，因获得物品而带来的背包更新等功能。

　　对于蜗牛而言，角色没有升级，所以没有动态数据。接下来，用ScriptableObject文件来存放蜗牛的静态数据。目前，蜗牛的静态数据被存储在其控制脚本Critter中，如图5-20所示。

```
//脚本：蜗牛的控制类
◎Unity 脚本(1 个资产引用)|2 个引用
public class Critter : MonoBehaviour
{
    private Animator anim;
    private NavMeshAgent agent;
    public Transform player;
    private State currentState;

    public float currentHealth=1000.0f;//蜗牛的生命值1000
    public float damage=100.0f;//蜗牛的伤害值100
    public DropItem critterItem = default;//蜗牛死亡后的掉落物品
    public bool IsDead = default;
    // Start is called before the first frame update
    ◎Unity 消息|0 个引用
    void Start()
    {
        anim=this.GetComponent<Animator>();
        agent=this.GetComponent<NavMeshAgent>();
        //新建一个站立状态，让角色默认进入站立状态
        currentState=new Idle(this.gameObject,agent,anim,player);
    }
}
```

图5-20　蜗牛的静态数据

接下来，用ScriptableObject来存储蜗牛的静态数据。创建ScriptableObject的客观规则是先创建数据脚本后创建数据文件。

（1）创建蜗牛的数据脚本

◆ 创建数据脚本

回到Unity，找到脚本文件夹Scripts>ScriptableObjects，右击文件夹ScriptableObjects，创建一个C#脚本，将其命名为CritterSO，如图5-21所示。

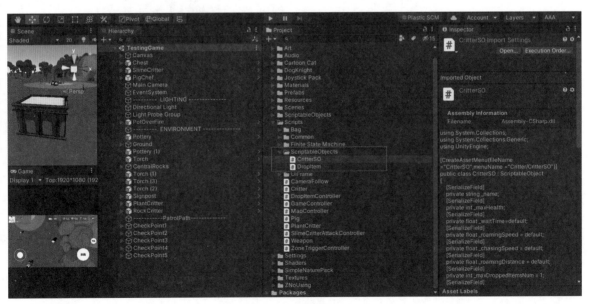

图5-21　创建脚本

◆ 编辑数据脚本

双击打开脚本CritterSO，切换到VS，先删除类CritterSO的基类MonoBehaviour，再让类CritterSO继承基类

ScriptableObject。

```
/// <summary>
/// 蜗牛数据
/// </summary>
[CreateAssetMenu(fileName ="CritterSO",menuName ="Critter/CritterSO")]//在Create菜单
中，创建一个CritterSO选项
public class CritterSO : ScriptableObject//基类
```

最后，为了在Unity编辑器的Create菜单中创建一个CritterSO选项，需要在类CritterSO中添加一个自定义创建标签[CreateAssetMenue]，用来在Unity中直接创建数据脚本CritterSO的实例。

◆ 添加数据

蜗牛的数据共有9个，它们分别是名字、最大生命值、伤害值、等待时间、漫游速度、追逐速度、漫游距离、最大掉落物品数量和掉落物品列表。

```
public class CritterSO : ScriptableObject
{
    [SerializeField]
    private string _name;
    [SerializeField]
    private int _maxHealth;
    [SerializeField]
    private int _damage;
    [SerializeField]
    private float _waitTime=default;
    [SerializeField]
    private float _roamingSpeed = default;
    [SerializeField]
    private float _chasingSpeed = default;
    [SerializeField]
    private float _roamingDistance = default;
    [SerializeField]
    private int _maxDroppedItemsNum = 1;
    [SerializeField]
    private List<DropItem> _dropItems = new List<DropItem>();
    [SerializeField]
    public string Name => _name;//蜗牛的名字
    [SerializeField]
    public int MaxHealth //最大生命值
    {
        get { return _maxHealth; }
        set { _maxHealth = value; }
    }
    [SerializeField]
    public int Damage//蜗牛的伤害值，是指对别人造成的伤害
    {
        get { return _damage; }
        set { _damage = value; }
    }
    [SerializeField]
```

```
public float WaitTime => _waitTime;//等待时间
[SerializeField]
public float RoamingSpeed => _roamingSpeed;//漫游速度
[SerializeField]
public float ChasingSpeed => _chasingSpeed;//追逐速度
[SerializeField]
public float RoamingDistance => _roamingDistance;//漫游距离
[SerializeField]
public int MaxDroppedNum => _maxDroppedItemsNum;//最大掉落物品数量
[SerializeField]
public List<DropItem> DroppedItems=> _dropItems;//掉落物品列表
```

其中需要说明的是，赋值符号"=>"和"="有什么区别？如果它们一样，为什么不直接用"="呢？

符号"=>"是一个Lambda表达式，用来代替函数的定义，和"="不一样，但都可以为变量赋值。上述代码可以直接使用"="代替"=>"。"=>"和"="的区别如图5-22所示。

=>	=
Lambda表达式，代替函数定义	赋值号，为变量赋值
事件 event+= (a , b) => a + b	变量a=10

通常，实现一个加法计算，需要如下3步。
1.定义事件
  Public delegate Sum Delegate(int a, int b);
  Public Sum Delegate Sum Event;
2.定义响应函数
  Public int Sum(int a , int b){return a + b ; }
3.为事件添加响应函数
  Sum Event += Sum;
 	
------------------------------------ 	
使用=>之后，实现一个加法计算只需要两步。
1.定义事件（同上）
2.为事件添加加法逻辑
Sum Event += (a , b) => a + b;
	变量a=10

图5-22　"=>"和"="的区别

回到主线，继续实现蜗牛的数据脚本CritterSO。

◆ 实现脚本

打开数据脚本CritterSO，现在数值字段已经添加完成，接下来为脚本添加两个数值操作函数：第1个函数GetDroppedItemsNum()用于获取掉落物品的数量，第2个函数GetRandomItem()用于随机获取一个掉落物品。两者的具体代码如下所示。

```
/// <summary>
/// 获取掉落物品的数量
/// </summary>
/// <returns></returns>
public int GetDroppedItemsNum()
{
    return Mathf.CeilToInt(Random.Range(0.0f,_maxDroppedItemsNum));
}
/// <summary>
```

```
/// 随机获取一个掉落物品
/// </summary>
/// <returns></returns>
public DropItem GetRandomItem()
{
    int index = Mathf.CeilToInt(Random.Range(0,_maxDroppedItemsNum-1));
    return _dropItems[index];
}
```

完成上述4个步骤，蜗牛的数据脚本 CritterSO 就实现了。

（2）创建蜗牛的数据文件

对 ScriptableObject 文件而言，数据脚本定义了数据文件的结构，同时也定义了数据文件的菜单 Creat。既然蜗牛的数据脚本 CritterSO 已经实现了，现在来创建蜗牛的数据文件吧。

◆ 创建数据文件

回到 Unity，找到文件夹 ScriptableObjects，右击文件夹 ScriptableObjects，选择 Create>Critter>CritterSO，创建蜗牛的数据文件，如图5-23所示，将其命名为 CritterSO。

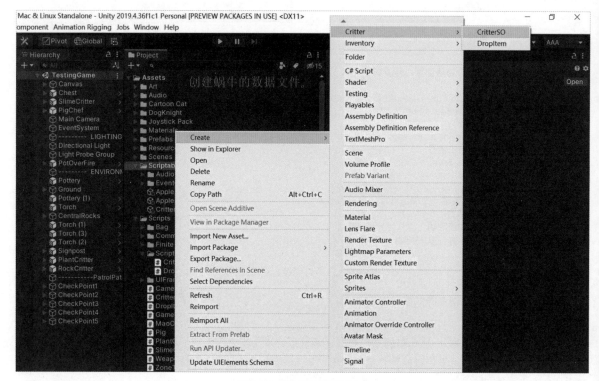

图5-23　创建蜗牛的数据文件

◆ 设置数据文件

来到数据文件 CritterSO 的监视器面板，设置蜗牛的数据文件，如图5-24所示。设置 Name（名称）为食人花，Max Health（生命值）为1000，Wait Time（等待时间）为0.5，Roaming Speed（漫游速度）为1，Chasing Speed（追逐速度）为1，Roaming Distance（漫游距离）为5，还有 Max Dropped Items Num（最大物品掉落数量）为2，同时给掉落物品列表指定具体掉落的物品。

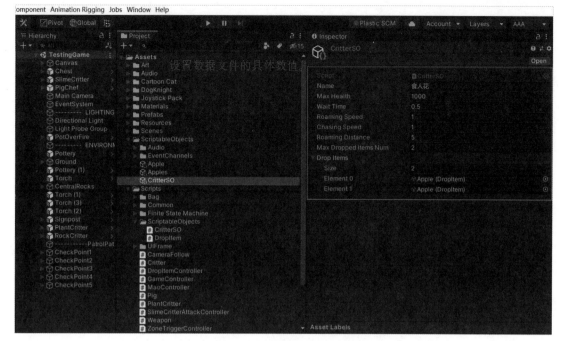

图5-24　设置蜗牛的数据文件

（3）使用蜗牛的数据文件

◆ 引用数据文件的变量

打开蜗牛的控制脚本Critter，新建蜗牛数据变量critterSO，因为需要在脚本外部为变量critterSO赋值，所以这里把它定义为Public类型。新增变量之后，蜗牛的控制脚本的变量部分的代码如下所示。

```
//脚本：蜗牛的控制类
public class Critter : MonoBehaviour
{
    private Animator anim;
    private NavMeshAgent agent;
    public Transform player;
    private State currentState;
    public CritterSO critterSO;//蜗牛的数据文件
    public float currentHealth=1000.0f;//蜗牛的生命值1000
    public float damage=100.0f;//蜗牛的伤害值100
    public DropItem critterItem = default;//蜗牛死亡后的掉落物品
    public bool IsDead = default;
```

◆ 引用数据文件的函数

数据变量critterSO定义完成之后，下面用蜗牛的数据变量critterSO替换之前定义的3个变量，它们分别是蜗牛的生命值currentHealth、蜗牛的伤害值damage和蜗牛的掉落物品critterItem。

脚本Critter使用这3个变量的地方只有两处，分别在函数ReceiveAnAttack()和函数CritterIsDeath()中，所以只需要替换这两处。替换之后，控制脚本Critter的完整代码如下所示。

这里需要注意的是橙色和深蓝色的注释，橙色的注释标出了被替换的代码段，深蓝色的注释标出了被替换的变量。

```
using System.Collections;
using System.Collections.Generic;
```

```
using UnityEngine;
using UnityEngine.AI;

//脚本：蜗牛的控制类
public class Critter : MonoBehaviour
{
    private Animator anim;
    private NavMeshAgent agent;
    public Transform player;
    private State currentState;
    public CritterSO critterSO;//蜗牛的数据文件
    public float currentHealth=1000.0f;//蜗牛的生命值1000
    public float damage=100.0f;//蜗牛的伤害值100
    public DropItem critterItem = default;//蜗牛死亡后的掉落物品
    public bool IsDead = default;
    // Start is called before the first frame update
    void Start()
    {
        anim=this.GetComponent<Animator>();
        agent=this.GetComponent<NavMeshAgent>();
        //新建一个站立状态，让角色默认进入站立状态
        currentState=new Idle(this.gameObject,agent,anim,player);
    }
    // Update is called once per frame
    void Update()
    {
        //在角色控制脚本中，调用蜗牛的当前状态的执行函数Process()
        //让角色在当前状态中运行起来，并返回下一个状态
        currentState=currentState.Process();
    }
    /// <summary>
    /// 触发器函数：当碰到蜗牛的碰撞体other是武器时，则判定蜗牛被攻击了
    /// </summary>
    /// <param name="other"></param>
    private void OnTriggerEnter(Collider other)
    {
        Weapon playerWeapon = other.GetComponent<Weapon>();
        if (playerWeapon != null && playerWeapon.Enable)
        {
            ReceiveAnAttack(playerWeapon.AttackStrength);
        }
    }
    /// <summary>
    /// 被攻击函数：当蜗牛被攻击1次时，蜗牛的生命值减少damage
    /// </summary>
    /// <param name="damage">伤害值</param>
    void ReceiveAnAttack(int damage)
    {
        //1.使用数据文件中蜗牛的生命值
        critterSO.MaxHealth -= damage;
        if (critterSO.MaxHealth < 0)
        {
```

```
            IsDead = true;
        }
    }
    /// <summary>
    /// 死亡函数：当蜗牛的生命值小于零时，在蜗牛的右前方实例化一个掉落物品，同时销毁蜗牛
    /// </summary>
    public void CritterIsDeath()
    {

        float randPosRight = Random.value * 2 - 1.0f;
        float randPosForward = Random.value * 2 - 1.0f;
        GameObject prefab = critterSO.GetRandomItem().Prefab;//2.使用数据文件中的随机函数，
随机一个掉落物品
        GameObject collectableItem = GameObject.Instantiate(prefab,
                                        transform.position+2*(randPosRight*tran
sform.right+randPosForward*transform.forward),
                                        transform.rotation);
        collectableItem.GetComponent<DropItemController>().CurrentItem = critterItem;
        GameObject.Destroy(this.gameObject);
    }
}
```

到这里，蜗牛的数据文件中的数据和函数可以被引用了。终于完成了代码部分的编写，接下来，进入最后一步。

◆ 指定数据文件

回到Unity，给蜗牛的控制脚本组件Critter指定蜗牛的数据文件CritterSO，如图5-25所示。

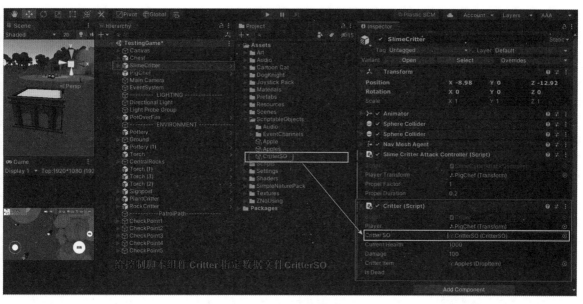

图5-25　指定数据文件

运行游戏，《小猪奇奇》的各项功能正常运行。

很好，实践成功了！

5.2 游戏主角

魔高一尺，道高一丈。蜗牛长本事了，小猪奇奇也不能"太菜"。本节将升级小猪奇奇。

5.2.1 能力图鉴

作为游戏主角，小猪奇奇的核心能力可以分成3个模块。

第1个是控制模块，负责游戏主角的移动控制和状态切换。

第2个是捕捉玩法，捕捉玩法是《小猪奇奇》的主线玩法。说起来也简单，小猪奇奇捕捉食人花和蜗牛，关键看它们谁赢了。如果小猪奇奇赢了，捕捉到一只蜗牛，这只蜗牛附近会掉落一个物品，小猪奇奇捡起物品，把物品放进背包，等到生命值过低时，小猪奇奇使用物品来给自己加血。如果蜗牛赢了，小猪奇奇死亡，游戏结束。

第3个是背包模块，背包模块的功能有4个：打开背包、新增物品、查看物品和使用物品。这三个模块缺一不可，共同拼出小猪奇奇的逻辑路线。

图5-26所示的这张路线图不仅描绘了捡起物品事件的逻辑顺序，也清晰地勾勒出了游戏主角的核心逻辑。第1条路线，小猪奇奇打怪胜利，掉落了物品，它捡起物品放进了背包。第2条路线，小猪奇奇打开背包，查看并使用了物品。

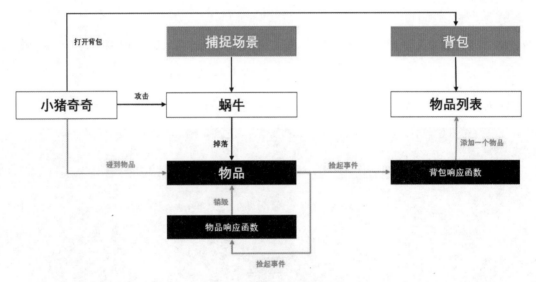

图5-26　游戏主角的逻辑路线

前文实现了除背包之外的所有功能，下面将实现背包的逻辑功能。

5.2.2 背包逻辑

实现背包逻辑之前，先来梳理一下背包的使用逻辑。

背包的使用逻辑是：默认情况下，小猪奇奇打开背包，发现背包中没有物品；当小猪奇奇胜利并获得物品之后，物品被添加到背包的物品列表中；当小猪奇奇再次打开背包时，发现背包中新增了一些物品，这些物品正是自己打怪获得的物品；当小猪奇奇的血量过低时，小猪奇奇打开背包，找到物品并使用，小猪奇奇的血量瞬间满了。

好了，背包的使用逻辑梳理清楚了。

回到Unity，开始实践。

1. 背包数据

第2章已经实现了背包的部分功能。

背包模块的MVC框架如图5-27所示。MVC框架的第一层负责背包界面的交互逻辑，实现的脚本是BagController。第二层负责背包的整体功能的实现，同时还负责与数据层进行交互，读取数据，还支撑了第一层的功能。第三层负责与背包数据交互，比如向背包中插入物品，定义物品的结构等。

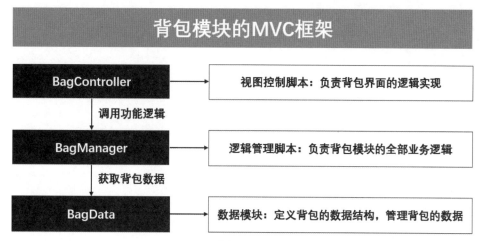

图5-27　背包模块的MVC框架

前文还没有完整地实现背包模块的MVC框架，因为缺少了BagData，所以MVC框架不完整。为了测试背包功能，笔者在BagManager中造了一些假数据。后续实践将补充完善MVC框架的第三层。总之，实践的第一步是创建背包数据脚本。

（1）实现背包的数据脚本

前文在脚本BagManager中定义了一个物品类Item，Item定义了物品的结构。因为Item是一个MonoBehaviour类，而DropItem是一个ScriptableObject类，下面将BagManager中的Item替换为DropItem，如图5-28所示。

```
public class BagManager: Singleton<BagManager>
{
    /// <summary>
    /// 背包全部物品列表
    /// </summary>
    public List<Item> bagdate = new List<Item>();          将Item替换成DropItem。
    /// <summary>
    /// 测试专用-本地数据
    /// </summary>
    public Item item01 = new Item(1, BagItemType.food, "食物一", 28, "foodicon", "生命水");
    public Item item02 = new Item(2, BagItemType.food, "食物二", 38, "foodicon", "米饭");
    public Item item03 = new Item(3, BagItemType.food, "食物三", 48, "foodicon", "西红柿炒鸡蛋");
    public Item weapon01 = new Item(1, BagItemType.weapon, "武器一", 28, "weaponicon", "匕首");
    public Item weapon02 = new Item(2, BagItemType.weapon, "武器二", 38, "weaponicon", "长枪");
    public Item weapon03 = new Item(3, BagItemType.weapon, "武器三", 48, "weaponicon", "双节棍");
    public Item weapon04 = new Item(4, BagItemType.weapon, "武器四", 58, "weaponicon", "青龙偃月刀");
    public Item skin01 = new Item(1, BagItemType.skin, "皮肤一", 28, "skinicon", "披风");
    public Item skin02 = new Item(2, BagItemType.skin, "皮肤二", 38, "skinicon", "战甲");
    public Item skin03 = new Item(3, BagItemType.skin, "皮肤三", 48, "skinicon", "帽子");
    public Item skin04 = new Item(4, BagItemType.skin, "皮肤四", 38, "skinicon", "靴子");
    public Item skin05 = new Item(5, BagItemType.skin, "皮肤五", 48, "skinicon", "发型");
```

图5-28　替换数据类

关于其他脚本的替换，笔者将在后续实践中一一指出。

下面继续创建背包的数据文件。要创建数据文件，则需要先创建一个数据脚本BagSO。来到Unity，定位到文件夹Scripts>Bag，创建脚本BagSO。已知背包数据包括物品种类和物品列表两类，所以在脚本中创建物品种类变量BagItemType和物品列表变量List<DropItem> BagItems。

数据脚本BagSO的代码如下。

```
/// <summary>
/// 背包的数据脚本
/// </summary>
[CreateAssetMenu(fileName = "BagSO", menuName = "Bag/BagSO")]
public class BagSO : ScriptableObject
{
    //物品种类变量
    [SerializeField]
    private BagItemType bagType=default;
    //物品列表变量
    [SerializeField]
    private List<DropItem> bagItems = new List<DropItem>();

    [SerializeField]
    public BagItemType BagType
    {
        get { return bagType; }
    }
    [SerializeField]
    public List<DropItem> BagItems

    {
        get { return bagItems; }
        set { bagItems = value; }
    }
}
```

数据脚本已经定义了数据字段，还缺数据操作函数。这里要把物品插入背包，则需要添加一个插入函数InsertItem(DropItem dropItem)。添加完成之后，数据脚本BagSO的代码如下所示。

```
/// <summary>
/// 背包的数据脚本
/// </summary>
[CreateAssetMenu(fileName = "BagSO", menuName = "Bag/BagSO")]
public class BagSO : ScriptableObject
{
    //物品种类变量
    [SerializeField]
    private BagItemType bagType=default;
    //物品列表变量
    [SerializeField]
    private List<DropItem> bagItems = new List<DropItem>();

    [SerializeField]
    public BagItemType BagType
    {
        get { return bagType; }
    }
    [SerializeField]
```

```
public List<DropItem> BagItems
{
    get { return bagItems; }
    set { bagItems = value; }
}
/// <summary>
/// 向背包的物品列表中插入一个物品
/// </summary>
/// <param name="dropItem">掉落的物品</param>
public void InsertItem(DropItem dropItem)
{
    bagItems.Add(dropItem);
}
}
```

至此，背包的数据脚本就实现了。

（2）创建背包的数据文件

回到Unity，右击文件夹ScriptableObjects，创建一个数据文件Create>Bag>BagSO。创建完成之后，为数据文件BagSO设置参数，如图5-29所示。将背包类型Bag Type设置为Food，初始化物品列表Bag Items，为其添加3个物品：苹果、皮肤和武器。

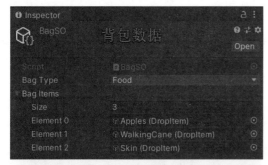
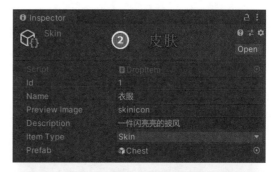

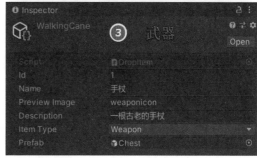

图5-29　为数据文件BagSo设置参数

（3）实现打开背包功能

实现打开背包功能之前，必须用新建的背包数据文件替换之前的背包数据。这里需要替换的脚本有3个，分别是背包控制脚本BagController、背包管理脚本BagManager和物品信息脚本ItemInfoController。

首先，替换背包控制脚本BagController。

①去掉脚本BagController中的背包列表变量ItemList，添加背包数据文件变量BagSO。

②脚本BagController中调用背包数据的地方有3处，现在逐一替换。

替换后，脚本BagController的代码如下所示。在代码中，橙色注释代表脚本BagController的更改。

```
/// <summary>
/// 背包控制脚本
/// </summary>
public class BagController : MonoBehaviour
{
    /// <summary>
    /// 全部物品
    /// </summary>
    public List<DropItem> ItemList = new List<DropItem>();
    public BagSO bagSO;//新增背包数据文件
    /// <summary>
    /// 物品预制体
    /// </summary>
    public GameObject ItemPrefab;
    /// <summary>
    /// 物品父物体
    /// </summary>
    public Transform ItemParent;

    /// <summary>
    /// 初始化背包物品
    /// </summary>
    void Init()
    {
        //背包管理脚本先获取到背包物品列表
        BagManager.Instance.InitData();
        //背包管理脚本中的物品列表赋值给当前控制脚本中的物品列表
        //ItemList = BagManager.Instance.bagdate; 1.去掉背包列表变量
        //判断物品列表是否为空，若为空，则打印日志并不再继续执行
        if (bagSO.BagItems == null)
        {
            Debug.Log("Item is null");
            return;
        }
        int j = 0;
        //遍历背包物品列表 2.使用背包数据文件
        foreach (DropItem item in bagSO.BagItems)
        {
            //若取出的物品的类型是皮肤，则继续执行，背包将展示皮肤类的物品
            if (item.ItemType == BagItemType.skin)
            {
                //实例化一个物品图标
                GameObject obj = Instantiate<GameObject>(ItemPrefab);
                //放到物品父物体下
                obj.transform.SetParent(ItemParent);
                //依据j排列物品图标，意思是把物品排列成水平等间距的一排
                obj.transform.localPosition = new Vector3(-690 + j * 140, 340, 0);
                //初始化物品UI上的两个信息：物品图标和物品数量
                obj.GetComponent<ItemController>().Init(item);
                j++;
            }
        }
```

```
        j = 0;
}


/// <summary>
/// 刷新背包界面，或者切换种类
/// </summary>
 void RefreshUI(BagItemType type)
{
    for(int i=0;i<ItemParent.childCount; i++)
    {
        Destroy(ItemParent.GetChild(i).gameObject);
    }
    int j = 0;
    //遍历背包物品列表 3. 使用背包数据文件
    foreach (DropItem item in bagSO.BagItems)
    {
        //找到玩家选择的物品种类，则继续执行，背包将展示该类物品
        if (item.ItemType == type)
        {

            //实例化一个物品图标
            GameObject obj = Instantiate<GameObject>(ItemPrefab);
            //放到物品父物体下
            obj.transform.SetParent(ItemParent);
            //依据j排列物品图标，意思是把物品排列成水平等间距的一排
            obj.transform.localPosition = new Vector3(-690 + j * 140, 340, 0);
            //初始化物品UI上的两个信息：物品图标和物品数量
            obj.GetComponent<ItemController>().Init(item);
            j++;
        }
    }
    j = 0;
}
// Start is called before the first frame update
void Start()
{
    Init();
}


// Update is called once per frame
void Update()
{

}
/// <summary>
/// 当用户点击关闭按钮时，背包界面关闭
/// </summary>
public void OnCloseBtnClick()
{
    this.gameObject.SetActive(false);
}
```

```
/// <summary>
/// 点击类型，切换背包物品
/// </summary>
/// <param name="type">玩家点击的是哪一个分类</param>
public void OnTypeBtnClick(int type)
{
    //调用背包刷新函数，传入参数type
    RefreshUI((BagItemType)type);
}
}
```

到这里，脚本BagController的替换就完成了。

需要指出的是，物品脚本ItemController在背包控制脚本BagController中被调用，用于初始化背包物品，调用的语句是obj.GetComponent<ItemController>().Init(item)。打开脚本ItemController，初始化函数Init()的代码如下所示。

```
/// <summary>
/// 初始化物品
/// </summary>
/// <param name="item"></param>
public void Init(Item item)
{
    //保存物品数据到当前物品
    CurItem = item;
    //把图片加载进工程，并将其赋值给物品图标
    itemIcon.sprite = Resources.Load<Sprite>(item.icon);
    itemIcon.SetNativeSize();
    //将物品数量显示到物品UI上
    itemNum.text = item.num.ToString();
}
```

显然，函数Init(Item item)中传入的变量是物品类Item，该物品类Item必须用数据文件换掉，替换后的脚本ItemController如下所示。

```
/// <summary>
/// 物品脚本
/// </summary>
public class ItemController : MonoBehaviour
{
    /// <summary>
    /// 当前物品 1.类Item替换为数据文件DropItem
    /// </summary>
    public DropItem CurItem;
    /// <summary>
    /// 物品图标
    /// </summary>
    public Image itemIcon;
    /// <summary>
    /// 物品数量
    /// </summary>
    public Text itemNum;
```

```
/// <summary>
/// 初始化物品 2.函数的形参换成数据文件
/// </summary>
/// <param name="item">类型DropItem</param>
public void Init(DropItem item)
{
    //保存物品数据到当前物品
    CurItem = item;
    //把图片加载进工程，并将其赋值给物品图标
    itemIcon.sprite = Resources.Load<Sprite>(item.PreviewImage);
    itemIcon.SetNativeSize();
    //将物品数量显示到物品UI上
    itemNum.text = item.Id.ToString();
}


/// <summary>
/// 点击物品将调用响应函数
/// </summary>
public void OnItemClick()
{
    //发送事件：将当前物品信息传递给物品信息窗口
    EventManager.Instance.OnItemClickEvent(CurItem);
}
}
```

上述物品控制脚本ItemController调用了事件机制脚本EventManager，调用语句在物品的点击响应函数OnItemClick()中。函数OnItemClick()执行的逻辑是调用事件机制脚本EventManager中的物品点击响应函数OnItemClickEvent(Item item)，并把物品数据传入函数。在上述代码中，传入函数OnItemClickEvent(CurItem)的物品数据CurItem是DropItem对象，而在脚本EventManager中，函数OnItemClickEvent(Item item)接收的物品数据是Item对象。于是必须把事件机制脚本EventManager中的Item对象替换成DropItem对象。

脚本EventManager的修改部分如下所示。

```
/// <summary>
/// 物品点击事件
/// </summary>
/// <param name="item"></param>
public delegate void OnItemClickDelegate(DropItem item);
public event OnItemClickDelegate onItemClick;
/// <summary>
/// 事件的调用函数
/// </summary>
/// <param name="item"></param>
public void OnItemClickEvent(DropItem item)
{
    if (onItemClick != null)
    {
        onItemClick(item);
    }
}
```

上述修改很简单，不再赘述。下面来梳理一下事件 onItemClick 的逻辑。

物品点击事件 onItemClick 的逻辑是，当玩家点击背包中的物品时，物品信息窗口会展示该物品的信息。也就是说，当脚本 ItemController 发出物品点击事件之后，物品信息窗口的控制脚本 ItemInfoController 会收到这个物品点击事件，并会执行此事件的响应函数，即展示这个物品的信息。

当一个物品被玩家点击后，这个物品的物品数据将先由物品控制脚本 ItemController 传递给事件机制脚本 EventManager，然后由事件机制脚本 EventManager 传递给信息窗口的控制脚本 ItemInfoController，最后这个物品的物品数据将显示在物品信息窗口上。

物品数据一直贯穿于物品点击事件的整个执行线路之中，而要修改的是物品数据，所以将沿着物品点击事件的执行路线继续修改。

接下来要修改的脚本是信息窗口的控制脚本 ItemInfoController。打开脚本 ItemInfoController，需要修改的地方有两个，分别是初始化函数 Init() 和界面刷新函数 RefreshUI()。替换后的脚本 ItemInfoController 如下所示。

其中橙色注释代表被替换的代码段。

```
/// <summary>
/// 物品信息窗口控制脚本
/// </summary>
public class ItemInfoController : MonoBehaviour
{
    /// <summary>
    /// 窗口标题
    /// </summary>
    public Text title;
    /// <summary>
    /// 物品图片
    /// </summary>
    public Image png;
    /// <summary>
    /// 物品介绍
    /// </summary>
    public Text intro;

    /// <summary>
    /// 窗口初始化函数 1.Item类型替换成DropItem
    /// </summary>
    /// <param name="item">要展示的物品数据</param>
    public void Init(DropItem item)
    {
        //物品名字展示在窗口标题上
        title.text = item.Name;
        //物品图片展示在窗口图片位置
        png = Resources.Load<Image>(item.PreviewImage);
        //物品介绍展示在窗口底部文字内容位置
        intro.text = item.Description;

    }
    /// <summary>
    /// 窗口刷新函数 2.Item类型替换成DropItem
    /// </summary>
    /// <param name="item">要展示的物品数据</param>
```

```
public void RefreshUI(DropItem item)
{
    //物品名字展示在窗口标题上
    title.text = item.Name;
    //物品图片展示在窗口图片位置
    png = Resources.Load<Image>(item.PreviewImage);
    //物品介绍展示在窗口底部文字内容位置
    intro.text = item.Description;
}
void Awake()
{
    //代码启动时，开始监听物品被点击的事件onItemClick，若监听到这个事件，则信息窗口执行窗口刷新
函数RefreshUI()
    EventManager.Instance.onItemClick += RefreshUI;
}
void OnDestroy()
{
    //代码销毁后，信息窗口将不再监听物品被点击事件
    EventManager.Instance.onItemClick -= RefreshUI;
}
}
```

背包数据的替换终于完成了。

最后一步，为修改后的脚本重新指定变量。

回到Unity，把文件夹ScriptableObjects中的背包数据文件BagSO指定给背包的控制脚本Bag Controller的数据变量Bag SO，如图5-30所示。

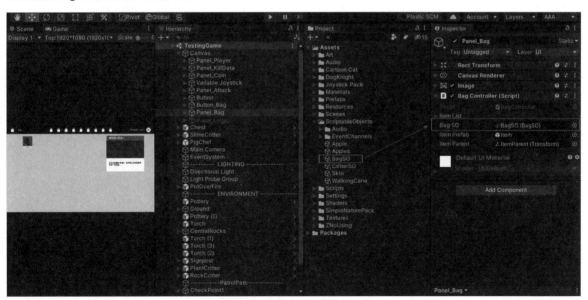

图5-30　指定背包数据文件

最后一步完成了，运行游戏，看一下结果。

背包能被正常打开和关闭，3个物品分类下的物品显示正常，每个分类只有一个物品，这符合背包的数据文件BagSO的背包物品列表的数据条数，如图5-31所示。

图5-31　背包打开正常

2. 新增物品

下面实践新增物品的功能。

前文已经实现了捡起物品事件，接下来只需要把路线走通即可。

（1）实现逻辑

打开脚本BagController，创建响应函数AddAnItem(DropItem dropItem)，同时把它指定给捡起物品事件onDropItemPick，所以只需要为脚本BagController添加3个函数。

脚本新增的3个函数如下所示。

```
void Awake()
    {
        //代码启动时，开始监听捡起物品事件onDropItemPick，若监听到这个事件，背包将调用插入物品函数
AddAnItem
        EventManager.Instance.onDropItemPick += AddAnItem;
    }
    void OnDestroy()
    {
        //代码销毁后，背包将不再监听捡起物品事件
        EventManager.Instance.onDropItemPick -= AddAnItem;
    }
    /// <summary>
    /// 向背包中添加一个物品
    /// </summary>
    /// <param name="dropItem"></param>
    private void AddAnItem(DropItem dropItem)
    {
        bagSO.InsertItem(dropItem);
    }
```

到这里，背包中可以新增物品了。

（2）运行测试

为了让测试效果更明显，为游戏添加3个物品图标，它们分别是苹果图片apple、匕首图片dao和披风图片pifeng，它们分别对应了背包的3类物品：食物、武器和皮肤。接下来，把披风、苹果和匕首这3个物品的数据文件修改一下，如图5-32~图5-34所示。

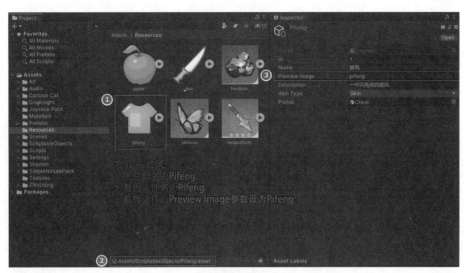

图 5-32 披风

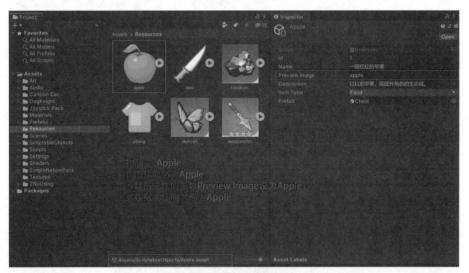

图 5-33 苹果

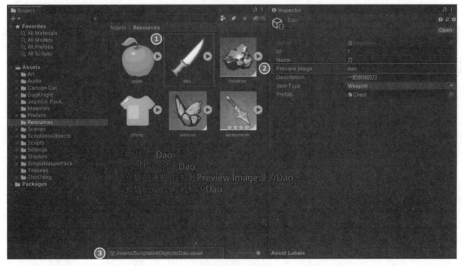

图 5-34 匕首

修改完成，保存场景，运行游戏。

默认情况下，打开背包，能看到背包的3个分类下各有1个物品，一共3个。在战斗时，小猪奇奇击败了一只蜗牛，并捡起了掉落的物品苹果。战斗之后打开背包，发现背包中食物分类下有两个苹果，比战斗前多了1个，这说明新增物品功能成功实现了。整个过程如图5-35到图5-38所示。

运行游戏，测试结果完全正确。

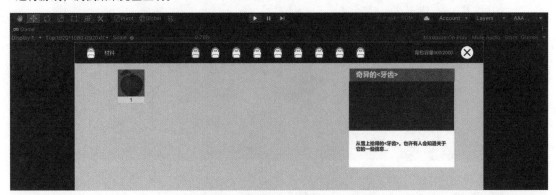

图5-35　战斗前——背包中有1个苹果

图5-36　战斗中

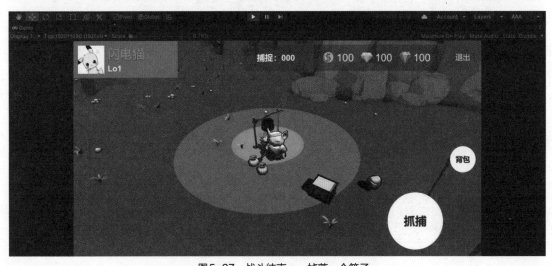

图5-37　战斗结束——掉落一个箱子

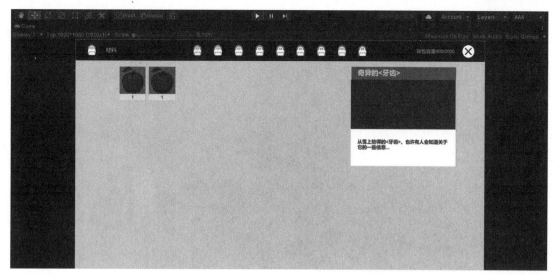

图5-38 捡起箱子——背包中多了1个苹果

到这里，新增物品的功能成功实现了。

3.使用物品

每次战斗结束时，场景中都会掉落一些物品，如苹果、武器或皮肤。这些物品，每个都有不同的能力。比如武器可以提升游戏主角的战斗力，食物可以提升游戏主角的生命值。下面将实现这些掉落物品的使用功能。

这里要实现的具体逻辑有如下两个。

①吃一个苹果，玩家的生命值将恢复到最大值。

②佩戴一把匕首，玩家的攻击值将提升30%。

（1）吃一个苹果，满血复活

先为背包添加使用按钮。

来到Unity，定位到物品信息窗口Panel_Bag>Middle>ItemInfo，在物品信息窗口下新建一个按钮，并将其重命名为Button_Use，如图5-39所示。

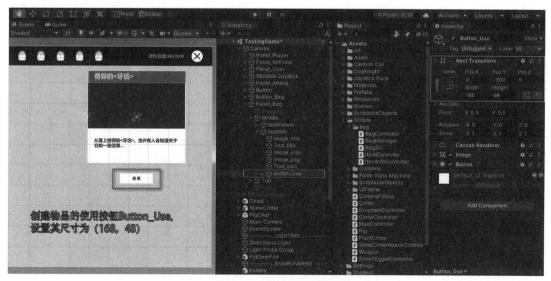

图5-39 创建物品的使用按钮

下面实现使用物品的功能逻辑。

01　打开事件系统脚本EventManager，声明一个物品的使用事件UseItemEvent，事件的声明代码和事件的调用函数如下所示。

```
/// <summary>
/// 物品使用事件
/// </summary>
/// <param name="dropItem">被使用的物品</param>
public delegate void UseItem(DropItem dropItem);
public event UseItem useItemEvent;
/// <summary>
/// 调用物品使用事件
/// </summary>
/// <param name="dropItem"></param>
public void OnUseItemEvent(DropItem dropItem)
{
    if (useItemEvent != null)
    {
        useItemEvent(dropItem);
    }
}
}
```

02　打开物品信息窗口的控制脚本ItemInfoController，添加使用按钮的点击响应函数OnButtonUseClick()，函数的代码如下所示。

```
/// <summary>
/// 点击使用按钮，广播使用物品事件
/// </summary>
public void OnButtonUseClick()
{
    EventManager.Instance.OnUseItemEvent(currentItem);
}
```

03　打开游戏主角的控制脚本Pig，为物品使用事件注册事件响应函数。事件响应函数实现的是，使用物品之后，小猪奇奇的生命值和攻击值将如何变化。下面的代码是脚本Pig的修改部分。

```
//游戏主角——小猪奇奇的移动
public class Pig : MonoBehaviour
{
    //小猪奇奇的生命值
    public int lifeNum = 2000;
    //小猪奇奇的攻击值
    public int damageNum = 200;

    void Awake()
    {
        //代码启动时，开始监听物品使用事件，事件发生时执行响应函数ReceiveAnItem
        EventManager.Instance.useItemEvent += ReceiveAnItem;
    }
    void OnDestroy()
    {
```

```
        //代码销毁后，不再监听物品使用事件
        EventManager.Instance.useItemEvent -= ReceiveAnItem;
    }
    /// <summary>
    /// 使用物品之后的效果函数
    /// </summary>
    /// <param name="dropItem"></param>
    public void ReceiveAnItem(DropItem dropItem)
    {
        //吃一个苹果，满血复活
        lifeNum = dropItem.ItemType == BagItemType.food ? 2000 : lifeNum;
    }
}
```

到这里，食物就可以使用了。吃一个苹果，小猪奇奇将会满血复活。

（2）佩戴匕首，战力值爆表

实际上，定义主角攻击值的脚本不是 Pig，而是 Weapon。所以要实现主角攻击值的增加，要修改的是脚本 Weapon。这里为脚本 Weapon 添加一个物品使用事件的响应函数 ReceiveAnItem()。修改后的脚本 Weapon 如下所示。

```
/// <summary>
/// 武器脚本
/// </summary>
public class Weapon:MonoBehaviour
{
    [SerializeField]
    private int attackStrength = default;

    [SerializeField]
    private bool enable = default;
    //是否启动
    [SerializeField]
    public bool Enable { get=>enable;set { enable = value; } }
    //攻击值
    public int AttackStrength
    {
        get => attackStrength;
    }

    void Awake()
    {
        //代码启动时，开始监听物品使用事件，事件发生时执行响应函数ReceiveAnItem()
        EventManager.Instance.useItemEvent += ReceiveAnItem;
    }

    void OnDestroy()
    {
        //代码销毁后，不再监听物品使用事件
        EventManager.Instance.useItemEvent -= ReceiveAnItem;
    }
```

```
/// <summary>
/// 使用物品之后的效果函数
/// </summary>
/// <param name="dropItem"></param>
private void ReceiveAnItem(DropItem dropItem)
{
    //佩戴匕首，战力值爆表
    attackStrength = dropItem.ItemType == BagItemType.weapon ? attackStrength *
        System.Convert.ToInt32(1 + 0.2) : attackStrength;
}
}
```

佩戴匕首之后，小猪奇奇的战力值爆表了。

5.2.3 输入控制层

在玩游戏的时候，玩家用手指滑动摇杆，游戏角色就会向摇杆指定的方向移动。当把摇杆的圆心往左滑动的时候，游戏主角就往左走；当把摇杆的圆心往右上方滑动的时候，游戏角色就往右上方行走，如图5-40所示。这是是为什么呢？

图5-40 摇杆的圆心往右上方滑动，游戏角色就往右上方行走

不难猜想，摇杆和角色之间一定存在着某种联系，让两者的移动方向始终保持一致。这种联系到底是什么呢？它又是如何保证两者的移动方向一致的呢？

完成本节实践，相信大家能找到答案。

第3章给游戏角色添加了摇杆控制，让小猪奇奇可以自由地行走。

从直观上来看，摇杆控制改变的是摇杆变量，而角色移动需要的是移动变量，这说明一定是两者之间的关联部分把摇杆变量转换成了角色移动所需要的移动变量，所以当摇杆发生变化的时候，角色才会移动。我们称两者之间的关联部分为移动控制。

移动控制是一种计算角色如何移动的算法。下面将以实现角色的移动控制为主线，探究角色移动中的奥秘。

1.简单的输入控制层

摇杆是由摇杆滑块和摇杆圆组成的，在摇杆平面坐标系中，摇杆圆是一个位置固定、大小不变的圆，其圆心在坐标系的原点位置，如图5-41所示。默认情况下，摇杆滑块位于摇杆圆的圆心处，玩游戏时，玩家可以自由地拖动摇杆滑块，改变它的位置。摇杆控制会实时地把摇杆滑块的坐标位置发送出来，为游戏提供输入数据，所以称摇杆控制为输入层。

作为输入层，摇杆控制输出的位置是摇杆滑块的坐标位置(x, y)，x代表摇杆滑块在水平方向上的位置坐标，y代表摇杆滑块在竖直方向上的位置坐标。在游戏运行的每一帧，摇杆控制都会输出一个坐标位置，直到游戏停止运行。

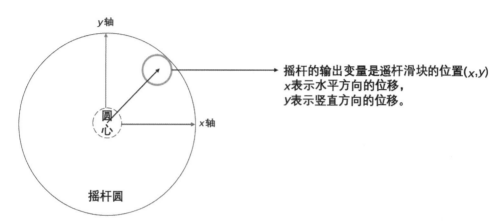

图5-41 摇杆平面坐标系

现实生活中，一辆汽车的移动是指汽车的位置不断变化的过程，这个道理也适用于游戏世界。在游戏世界的地面坐标系中，角色的位置坐标是(x, z)，x代表角色在地面的水平方向的位置，z代表角色在竖直方向的位置，角色移动实际上是角色的位置不断变化的过程，如图5-42所示。

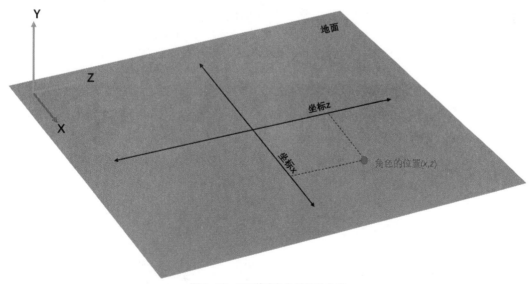

图5-42 3D游戏角色的移动方向

在现实生活中，以汽车的移动为例来说明物体移动的原理。众所周知，速度是一个矢量，既有大小又有方向，速度的大小表示物体移动的快慢，速度的方向表示物体将朝哪个方向移动。所以，只有明确地给出一个速度，汽车才知道应该朝哪个方向移动、移动得多快。游戏世界里的角色移动和实现生活中的汽车移动一样，也遵循了相同的规律。

所以，角色移动需要的变量是一个既有大小又有方向的速度。而摇杆控制提供的变量是一个位置，不是速度。这就要求输入控制层把位置变量变成速度变量，也就是说，输入控制层的工作是把输入层提供的控制变量转化成角色移动所需要的移动变量。

下面的实践将专注于输入控制层的实现。

（1）代码实现

前文中并没有为角色移动专门实现一个输入控制层，只是用代码来代替输入控制层的工作，实现了一个简单的角色移动。打开脚本 Pig，输入控制层的简单实现代码如下所示。

```
//游戏主角——小猪奇奇的移动
public class Pig : MonoBehaviour
{
    //移动速度
    public float moveSpeed = 1.5f;
    public float rotateSpeed = 3f;
    float rotateMultiplier = 1;
    //移动量
    Vector3 moveAmount;
    //摇杆
    public VariableJoystick variableJoystick;
    // Update is called once per frame
    void Update()
    {
        //根据摇杆的输入变量，即控制变量，计算出游戏角色将朝哪个方向移动及速度方向
        moveDir = Vector3.forward * variableJoystick.Vertical + Vector3.right * variableJoystick.
Horizontal;
        //每帧的移动量 = 速度方向的单位向量（移动方向）× 速度大小（移动的快慢）× 时间平滑参数
        moveAmount = moveDir.normalized * moveSpeed * Time.deltaTime;
        //目标朝向计算 = 从角色的 z 轴转向移动方向产生的旋转值 × 角色的旋转
        Quaternion targetRot = Quaternion.FromToRotation(transform.forward, moveDir) *
transform.rotation;
        //角色的旋转 = 由当前朝向转向目标朝向，转向过程进行中间线性插值
        transform.rotation = Quaternion.Slerp(transform.rotation, targetRot, rotateSpeed
* Time.deltaTime);
    }
    private void FixedUpdate()
    {
        //游戏角色每帧更新一次位置，moveAmount 是角色每帧的位移
        transform.position = transform.position + moveAmount;
    }
}
```

为了清晰地展示逻辑，这里没有贴出脚本 Pig 的全部代码，只是贴出了输入控制层的逻辑代码。

需要说明的是，角色移动的逻辑写在了函数 Update() 中，Update() 是 Unity 的生命循环函数，每帧只执行一次，所以角色移动需要的变量是每帧的位移，即角色在每帧应该移动的量。因此，输入控制层把摇杆输入的位置变量，

即位置的水平坐标Horizontal和位置的竖直坐标Vertical，先转换成了角色的速度向量moveDir，再把速度向量的单位向量moveDir.normalized乘以速度大小moveSpeed，接着乘以时间平滑参数Time.deltaTime，最终得出角色的帧位移量moveAmount。

最后，在固定帧更新函数FixedUpdate()中，角色在每一帧都位移了一个帧位移量moveAmount。

（2）场景调整

运行游戏之前，要对游戏角色PigChef进行一些修改。

最早实现角色移动的时候，脚本控制移动的是游戏主角的刚体组件，代码如下所示。

```
private void FixedUpdate()
    {
        //把主角移动到下一个位置
        rb.MovePosition(rb.position + moveAmount);
    }
```

刚体组件模拟的是角色的物理效果，移动刚体组件是对刚体组件施加了一个力，这种实现方法不够精确，同时容易让角色产生自动偏移。因此，要废除这个方法。

上述代码中，变量rb是游戏主角的刚体组件RigidBody的一个引用，删除它。现在的实现方法是移动物体的位置，代码如下所示。

```
private void FixedUpdate()
    {
        //游戏角色每帧更新一次位置，moveAmount是角色每帧的位移
        transform.position = transform.position + moveAmount;
    }
```

这种实现的效果更稳定。

回到Unity，在结构面板中找到游戏主角PigChef，在其监视器面板中删除其刚体组件Rigidbody，如图5-43所示。

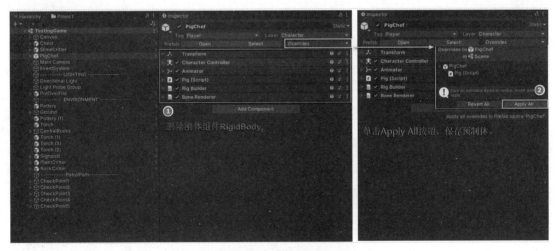

图5-43　删除刚体组件

到这里，输入控制层的逻辑实现了，小猪奇奇的角色移动也实现了。

运行游戏，一起看看效果吧，如图5-44所示。

图5-44 游戏角色的帧位移量

（3）折中方案

需要指出的是，速度向量moveDir是一个矢量，它既有方向也有大小，所以帧位移量的计算直接使用速度向量moveDir就包含了位移方向和位移大小。而代码中却把速度向量moveDir拆解成了速度方向（速度的单位向量）moveDir.normalized和速度大小moveSpeed。速度拆解后，速度的方向没变，速度的大小却变成了一个固定值moveSpeed。速度大小是固定值会导致帧位移量的位移大小也是固定值，也就是说，角色每帧移动的距离是一个固定值。

前文所述的角色控制原理中，摇杆控制提供了一个速度，既有大小又有方向，角色将朝速度方向移动，移动的快慢由速度大小决定。而现在的输入控制层逻辑是，角色将朝速度方向运动，移动的快慢取决于一个固定值，而不是速度大小。这样一来，玩家控制摇杆的时候，拖动摇杆滑块的尺度大小就不能决定角色的移动快慢了。这岂不是一段错误的代码？

实践和理论出现了偏差，谁该让步？

实践有所偏差的原因是，角色的行走动画是匀速的，所以角色的帧位移量的大小也应该是固定的。理论上，按照摇杆提供的速度大小，角色应该移动得时快时慢，角色的行走动画也应该时快时慢。然而，实践中角色的行走动画一直是匀速的，角色的行走动画既不会因为摇杆的速度变慢而变慢，也不会因为摇杆的速度变快而变快。也就是说，角色的行走动画的快慢匹配不上角色移动的快慢，这样的角色移动会很不真实。

理论让步于实践，为了照顾匀速的角色行走动画，只能牺牲角色移动的速度大小，让角色匀速地行走。这是一个折中的解决方案。

如图5-45所示，在角色移动的折中方案里，尽管不用再顾虑角色移动的快慢和角色行走动画的快慢之间的匹配问题，但是角色将一成不变地按照这个固定速度行走。经验证明，固定速度moveSpeed设定为1.5时，也就是角色每帧移动1.5米时，正好能匹配上角色的行走动画。到这里，这个折中方案就完整地实现了。

图5-45 角色移动的折中方案

2.专业的角色移动

目前，《小猪奇奇》的角色移动方案是折中方案。接下来将实现一个专业的角色移动功能。

自然界中的任意一个物体的运动都必须有参考系，一个物体是静止的还是运动的，都是相对于这个参考系而言的。例如，一位乘客坐在列车的车厢内，当我们说乘客处于静止状态时，选择的参考系是列车，当说乘客处于运动状态时，选择的参考系是地面。所以，参考系不同，同一个物体的运动状态将完全不同。

南唐后主李煜曾作出著名诗句"恰似一江春水向东流"，诗句的画面感十足，仿佛能看到他静立于船头、随小船向东流去的诗意场景，如图5-46所示。不难看出，人相对于船是静止的，而相对于河岸又是运动的，这就是参考系选取不同的结果。

游戏世界里的物体运动和自然界中的物体运动一样，遵循着相同的规律。在大多数游戏中，游戏角色的运动都是以地面为参考系的，游戏《小猪奇奇》也是如此。

图5-46　恰似一江春水向东流

前文实现了一个简单的角色移动，让小猪奇奇可以在地面上自由地行走。角色移动的同时，摄像机会一直跟随角色移动，这是在游戏实践之初实现的摄像机跟随功能。运行游戏，角色移动和摄像机跟随都很正常，没有出现问题。

回到Unity，我们来调整一下摄像机相对于游戏角色的偏移量。偏移量的调整步骤如下所示。

01 在结构面板Hierarchy中，选中主摄像机Main Camera，在其监视器面板中找到摄像机跟随脚本组件Camera Follow。

02 设置脚本组件Camera Follow的偏移量参数Offset为(−8,8,0)，如图5-47所示。

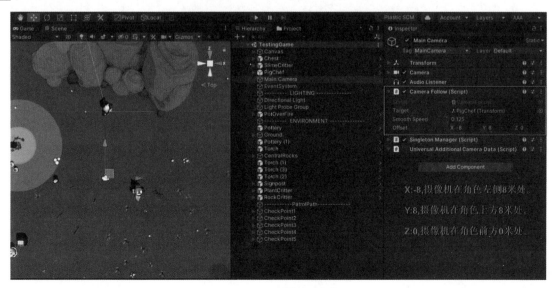

图5-47　设置偏移量参数

偏移量Offset为(-8,8,0)说明的是，在 x 轴（水平方向）上，摄像机在游戏主角左侧8米处；在 y 轴（竖直方向）上，摄像机在游戏主角上方8米处；在 z 轴（前后方向）上，摄像机在游戏主角前方0米处。运行游戏，摄像机将时刻保持在游戏主角的偏移位置上，并一直看着游戏主角。图5-48所示是运行游戏后摄像机的偏移效果。

图5-48　运行游戏，摄像机的偏移效果

可是现在问题来了。

当往前推动摇杆滑块时，角色应该沿着红色箭头的方向往前行走，可是角色并没有向前行走，而是沿着蓝色箭头的方向往左行走，如图5-49所示。这是怎么回事？

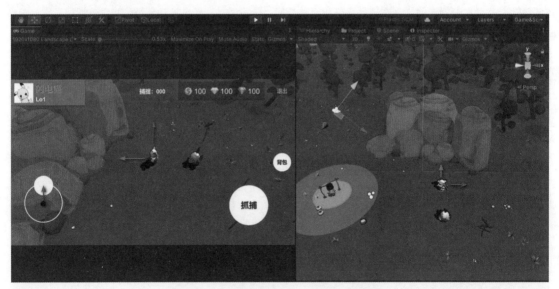

图5-49　摇杆滑块往前推，角色却往左行走

带着问题，细致想来，现在游戏角色相对于什么参考系在行走呢？

在实现简单的角色移动时，角色的移动方向的代码如下所示。

```
//根据摇杆的输入变量，即控制变量，计算出游戏角色将朝哪个方向移动及速度方向
Vector3 moveDir = Vector3.forward * variableJoystick.Vertical + Vector3.right *
variableJoystick.Horizontal;
```

向量Vector3.forward和Vector3.right的方向是世界坐标系的方向，移动向量moveDir是世界坐标系中的一个方向，即角色的移动参考系是地面。而在上面这个问题的情境下，我们希望角色可以相对于摄像机向前移动，也就是说，角色移动的参考系应该是摄像机，而不应该是地面。所以，解决这个问题的关键在于正确选取角色移动的参考系。

（1）以摄像机坐标系为参考系

如果选取摄像机作为角色移动的参考系，那么角色的移动应该以摄像机的坐标轴为基础来计算。开始实践之前，先来了解一下摄像机坐标系。

摄像机坐标系是一个三维坐标系，它的坐标轴分别是x轴、y轴和z轴，x轴表示摄像机的水平方向，y轴表示摄像机的高度方向，z轴表示摄像机的竖直方向。一个游戏角色只能在水平方向——x轴和竖直方向——z轴上移动，所以在计算角色的移动向量时，选取摄像机的水平轴x和竖直轴z；至于高度轴y，将其设置为0即可，0表示角色在高度方向上没有移动。

摇杆坐标系是一个二维坐标系，它的坐标轴分别是水平坐标轴x轴和竖直坐标轴y轴。当玩家滑动摇杆滑块时，摇杆输出的变量是水平坐标x和竖直坐标y，两个坐标值分别作用于游戏角色在水平方向和竖直方向上的移动。所以，需要把摇杆坐标系的水平轴x坐标和竖直轴y坐标分别投影到摄像机坐标系x轴和z轴上。

换句话说，摇杆水平坐标x表示角色将在摄像机的x方向上移动的距离，摇杆竖直坐标y表示角色将在摄像机的z方向上移动的距离，即摇杆输出的坐标值(x, y)将在摄像机的xz平面内，并且将被换算成角色的移动向量。最终，角色将沿着这个移动向量行走。

下面开始实践。

◆ 实现代码

在脚本Pig的更新函数Update()中，修改后的输入控制层逻辑代码如下所示。需要注意的是，代码中红色注释部分是修改内容。

```
// Update is called once per frame
    void Update()
    {
        //根据键盘的输入，计算出角色的移动方向
        //Vector3 moveDir = new Vector3(Input.GetAxis("Horizontal"),0,Input.GetAxis("Vertical")).
normalized;

        //选取地面作为角色移动的参考系
        //Vector3 moveDir = Vector3.forward * variableJoystick.Vertical + Vector3.right *
variableJoystick.Horizontal;
        //选取摄像机作为角色移动的参考系
        Vector3 moveDir = mainCamera.forward * variableJoystick.Vertical + mainCamera.
right * variableJoystick.Horizontal;
        moveDir.y = 0;
        //每帧的移动量 = 速度方向的单位向量（移动方向）× 速度大小（移动的快慢）× 时间平滑参数
        moveAmount = moveDir.normalized * moveSpeed * Time.deltaTime;

        //目标朝向计算 = 从角色的z轴转向移动方向产生的旋转值 × 角色的旋转
        Quaternion targetRot = Quaternion.FromToRotation(transform.forward, moveDir) *
transform.rotation;
        //角色的旋转 = 由当前朝向转向目标朝向，转向过程进行中间线性插值
        transform.rotation = Quaternion.Slerp(transform.rotation, targetRot, rotateSpeed *
Time.deltaTime);
    }
```

◆ 运行测试

回到 Unity，找到游戏主角 PigChef，定位到它的脚本组件 Pig 的摄像机位置变量 Main Camera，为变量 Main Camera 指定场景中的主摄像机 Main Camera，如图5-50所示。

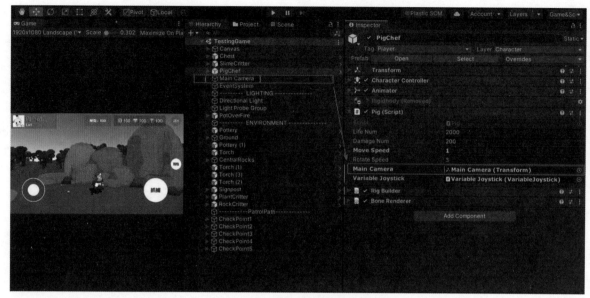

图5-50　为脚本 Pig 指定摄像机变量

好了，实践完成，运行游戏。

当玩家向前推动摇杆滑块时，小猪奇奇移动的方向不再是地面的竖直方向，而是摄像机的竖直方向。也就是说，现在小猪奇奇移动的参考系是摄像机，而不是地面。

很棒，实践成功了。现在无论如何旋转小猪奇奇，它的移动方向都不会出错了。

（2）真实的角色行走动画

上文提到的角色移动是一个折中方案，折中之处是，由于游戏角色的行走动画缺乏速度控制，所以只能以固定速度去移动游戏角色。现在将解决这个问题。

解决方案是，为游戏主角实现一个状态机，当玩家用摇杆滑块控制游戏角色移动的快慢时，角色的行走动画将依据摇杆滑块输入的速度快慢而改变播放速度，当摇杆滑块输入的速度快时，角色行走快，角色的行走动画播放也快；而当摇杆滑块输入的速度慢时，角色行走慢，角色的行走动画也将慢下来。如此一来，我们就实现了一个完整的、真实的角色移动，实现了一个不打折扣的角色移动方案。

◆ 角色状态机

游戏主角的具体状态有3个，分别是站立、行走和攻击。默认情况，游戏主角处于站立状态。这里先来实现角色的站立状态，代码如下所示。

```
public class PigState
{
    //游戏主角的状态
    public enum STATE
    {
        IDLE,
        WALK,
        ATTACK
    };
```

```csharp
    //状态的3个阶段
    public enum EVENT
    {
        ENTER,
        UPDATE,
        EXIT
    };
    public STATE name;//当前状态
    public EVENT stage;//状态的当前阶段
    protected Animator anim;//动画控制器
    protected Pig pigScript;//主角的控制脚本
    protected Transform player;//游戏主角
    public PigState nextState;//下一个状态

    public PigState(Animator _anim, Pig _pigScript, Transform _player)
    {
        anim = _anim;
        pigScript = _pigScript;
        player = _player;
        stage = EVENT.ENTER;
    }

    public virtual void Enter() { stage = EVENT.UPDATE; }
    public virtual void Update() { stage = EVENT.UPDATE; }
    public virtual void Exit() { stage = EVENT.EXIT; }

    //状态机的执行过程
    public PigState Process()
    {
        if (stage == EVENT.ENTER) Enter();
        if (stage == EVENT.UPDATE) Update();
        if (stage == EVENT.EXIT)
        {
            Exit();
            return nextState;
        }
        return this;
    }
}

// ===============站立状态Idle====================
public class PigIdle : PigState
{
    public PigIdle(Animator _anim, Pig _pigScript, Transform _player)
                : base(_anim, _pigScript, _player)
    {
        name = STATE.IDLE;
        anim = _anim;
        pigScript = _pigScript;
        player = _player;
```

```
    }
    public override void Enter()
    {
        base.Enter();
    }
    public override void Update()
    {
        if (pigScript.IsWalking)
        {
            nextState = new PigWalk(anim, pigScript, player);
            stage = EVENT.EXIT;
        }
        else if (pigScript.attackInput)
        {
            nextState = new PigAttack(anim, pigScript, player);
            stage = EVENT.EXIT;
        }
    }
    public override void Exit()
    {
        base.Exit();
    }
}
```

接下来实现角色的行走状态，代码如下所示。需要注意的是，角色的行走动画需要根据角色移动的快慢而变快或变慢。下述代码中的橙色注释部分是角色动画的速度控制逻辑。

```
//======行走状态PigWalk======
public class PigWalk : PigState
{
    public PigWalk(Animator _anim, Pig _pigScript, Transform _player)
                  : base(_anim, _pigScript, _player)
    {
        name = STATE.WALK;
        anim = _anim;
        pigScript = _pigScript;
        player = _player;
    }
    public override void Enter()
    {
        anim.speed = 1.0f;
        anim.SetBool("IsWalking", true);
        base.Enter();
    }
    public override void Update()
    {
        //行走动画的速度由角色的移动向量的大小决定
        anim.speed = pigScript.movementInput.magnitude;

        if (!pigScript.IsWalking)
```

```
        {
            nextState = new PigIdle(anim, pigScript, player);
            stage = EVENT.EXIT;
        }
        else if (pigScript.attackInput)
        {
            nextState = new PigAttack(anim, pigScript, player);
            stage = EVENT.EXIT;
        }
    }
    public override void Exit()
    {
        anim.speed = 1.0f;
        anim.SetBool("IsWalking", false);
        base.Exit();
    }
}
```

最后一个状态是，攻击状态。

在进行攻击动作时，游戏角色应该有一个较快的速度。这里把攻击动画的速度提高至原来的1.6倍，橙色注释部分是速度的提升逻辑，代码如下所示。

```
//======攻击状态PigAttack======
public class PigAttack : PigState
{
    public PigAttack(Animator _anim, Pig _pigScript, Transform _player)
                    : base(_anim, _pigScript, _player)
    {
        name = STATE.ATTACK;
        anim = _anim;
        pigScript = _pigScript;
        player = _player;
        //攻击动画的速度整体提高至原来的1.6倍
        anim.speed = 1.6f;
    }
    public override void Enter()
    {
        anim.SetTrigger("CaneHit");
        base.Enter();
    }
    public override void Update()
    {
        if (!pigScript.IsWalking)
        {
            nextState = new PigIdle(anim, pigScript, player);
            stage = EVENT.EXIT;
        }
        else
        {
            nextState = new PigWalk(anim, pigScript, player);
```

```
            stage = EVENT.EXIT;
        }
    }
    public override void Exit()
    {
        pigScript.attackInput = false;
        base.Exit();
    }
}
```

太棒了，游戏主角的状态机实现了。

◆ 角色控制脚本

添加好状态机之后，游戏主角的控制脚本 Pig 有所变化。这里只贴出了脚本 Pig 的输入控制层逻辑的具体代码，如下所示。其中，橙色注释部分是修改部分。

```
//游戏主角小猪奇奇的控制脚本
public class Pig : MonoBehaviour
{
    //下面字段由脚本的输入控制层使用
    public float moveSpeed = 1.5f;
    public float rotateSpeed = 3f;
    public Vector3 moveAmount;//角色的帧移动量
    Animator anim;//角色的动画组件
    public Transform mainCamera;
    public VariableJoystick variableJoystick;//摇杆物体
    //下面字段由状态机读取
    public bool attackInput;//攻击状态变量
    public Vector3 movementInput; //移动向量
    public bool IsWalking;//行走状态变量
    public PigState currenState;//角色当前状态
    // Start is called before the first frame update
    void Start()
    {
        anim = GetComponent<Animator>();
        //初始化状态机
        currenState = new PigIdle(anim,this.GetComponent<Pig>(),this.transform);
    }
    // Update is called once per frame
    void Update()
    {

        //选取摄像机作为角色移动的参考系
        movementInput = mainCamera.forward * variableJoystick.Vertical + mainCamera.
right * variableJoystick.Horizontal;
        movementInput.y = 0;
        //每帧的移动量 = 速度方向的单位向量（移动方向）× 速度大小（移动的快慢）× 时间平滑参数
        //moveAmount = movementInput * Time.deltaTime;
        //对角色的移动向量进行大小设置，让其最大不超过1
        movementInput = Vector3.ClampMagnitude(movementInput,1);
        moveAmount = movementInput * Time.deltaTime;
```

```
        //目标朝向计算 = 从角色的z轴转向移动方向产生的旋转值×角色的旋转
        Quaternion targetRot = Quaternion.FromToRotation(transform.forward, movementInput) *
transform.rotation;
        //角色的旋转 = 由当前朝向转向目标朝向，转向过程进行中间线性插值
        transform.rotation = Quaternion.Slerp(transform.rotation, targetRot, rotateSpeed *
Time.deltaTime);
        //判定条件
        //当移动量不等于零时，IsWalking为真
        //当移动量等于零时，IsWalking为假
        IsWalking = moveAmount != Vector3.zero;
        //给动画的切换参数IsWalking赋值
        //IsWalking为真时，角色在行走，播放行走动画
        //IsWalking为假时，角色静止，播放站立动画
        //anim.SetBool("IsWalking", IsWalking);
        //---状态机--执行函数
        currenState = currenState.Process();
    }
    private void FixedUpdate()
    {
        //游戏角色每帧更新一次位置，moveAmount是移动向量
        transform.position = transform.position + moveAmount;
    }
    /// <summary>
    /// 小猪开始攻击
    /// </summary>
    /// <param name="CaneHit"></param>
    public void Attack( )
    {
        attackInput = true;
    }
```

好了，大功告成。至此，一个专业的角色移动控制就实现了。

实际上，一个完整的输入控制模块包括输入层、读取层和移动控制层。移动控制层已经实现了，接下来简单介绍一下剩余的两个功能。

假设游戏需要接入一个手柄来控制游戏角色的移动，那么程序必然需要获取手柄的按键信息，这些按键信息会被封装在一个脚本中，即输入层脚本。拿到输入层脚本之后，读取层将读取手柄的按键信息，然后把按键封装成事件，并将其发送出来。收到按键事件之后，移动控制层会依据按键信息来控制角色的移动。如此一来，一款游戏就可以支持手柄控制了。

《小猪奇奇》是一款手游，不涉及手柄等外接设备，所以这里不再对输入层和读取层进行深入讨论。

5.3 PC 版本

Unity是一个跨平台开发引擎，可以将制作的游戏发布到许多平台上，如PC平台、移动端和网页端。《小猪奇奇》是一款移动端游戏，而本节的目标是发布《小猪奇奇》的一个PC版本。有人或许会问，手游为什么还要发布PC版本？

这里发布PC版本的目的是，对游戏的每个版本进行实际测试。

5.3.1 发布 PC 版本

1. 发布设置

图5-51所示是发布设置的步骤。

01 打开菜单File，选择发布设置选项Build Settings，打开发布设置面板 Build Settings。

02 在发布设置面板Build Settings中，选择发布平台Platform为PC平台。

03 单击Add Open Scenes按钮，添加场景Scenes>TestingGame。

图5-51　发布设置

图5-52所示是分辨率和展示方式的设置步骤。

01 在发布设置面板Build Settings中，单击Player Settings按钮，弹出工程设置窗口Project Settings，打开Resolution and Presentation选项卡。

02 设置全屏模式Fullscreen Mode为窗口模式Windowed。

03 设置窗口的尺寸为宽度1920、高度1080。

04 勾选Resizable Window选项，表示窗口能改变大小。

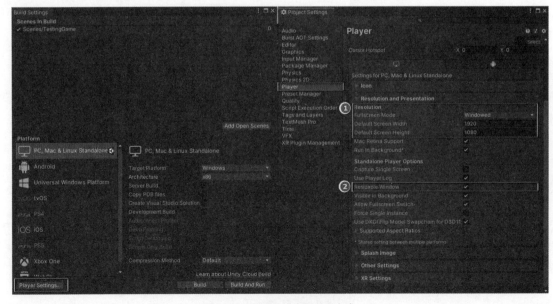

图5-52　设置分辨率和展示方式

2. 发布完成

在发布设置面板 Build Settings 下方有一个 Build 按钮，单击 Build 按钮，系统会自动打开一个 Windows 资源管理窗口。在窗口中新建文件夹 TomAJerryPC，如图 5-53 所示，单击确定之后，游戏将自动开始发布。

文件夹 TomAJerryPC 是游戏的发布目录，《小猪奇奇》的 PC 版本将会自动存储到发布目录里。

图 5-53　新建发布文件夹

Unity 的发布过程是一个自动化的过程，如图 5-54 所示。发布开始之后，只需要等待发布的过程自动完成。

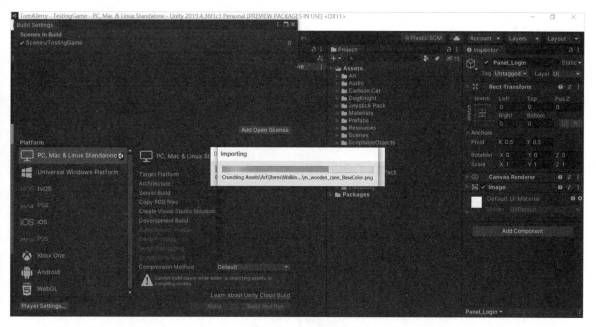

图 5-54　自动发布中

发布完成，如图 5-55 所示。

可以看到，《小猪奇奇》的发布目录中生成了 5 个项目，需要说明的是，文件夹 TomAJerry_Data 是游戏的资源包，用于存储游戏的所有资源；可执行程序 TomAJerry 是游戏的应用程序，双击打开应用程序，游戏将自动开始运行起来。

数据资源文件夹 —— TomAJerry_Data。

可执行程序 —— TomAJerry。

图5-55　PC版本的发布目录

双击游戏的应用程序，游戏自动开始运行，如图5-56和图5-57所示。这里先查看一下发布设置是否成功。

第1个是尺寸可变窗口选项Resizable Window。尝试拖动游戏窗口，游戏窗口可以自由地被拖大或拖小，即窗口的大小可以随时改变，这表示选项Resizable Window的设置没有问题。

第2个是窗口模式Windowed。打开游戏，游戏程序是窗口形式，不是全屏形式，所以选项Windowed的设置没有问题。

图5-56　登录界面

图5-57　小猪奇奇悠闲地逛着

　　一个青山绿水的世界里,小猪奇奇悠闲地逛着,它时不时地回头看一眼它背上的小家伙。看着一路陪伴自己的小伙伴在呼呼地睡大觉……它的心里总是暖暖的,很温馨。

　　不远处,食人花正在悠闲地巡逻,身体摇摇晃晃,怕是要睡着了。

　　这两个悠闲的角色即将相遇,如图5-58所示。

图5-58　即将相遇的游戏效果

5.3.2　测试版本功能

　　前文提到,发布PC版本是为了游戏测试。和开发测试不同的是,发布版本的测试能发现很多在开发测试中经常忽略的和不能测试的问题,比如游戏界面的适配率,再比如一款游戏在不同设备上的性能。通常,发布测试的重点有两个,第1个是查看一款游戏的新增功能,第2个是查看游戏在不同设备上的性能。接下来看一下《小猪奇奇》PC版新增了哪些功能。

　　《小猪奇奇》PC版的新增功能有3个,分别是蜗牛的状态机、物品掉落逻辑和背包逻辑。发布测试中,需要重点测试的功能如下所示。

　　①蜗牛的状态机。蜗牛是否正常执行了所有状态? 状态的切换是否正常?

　　②物品掉落逻辑。蜗牛死亡后,物品是不是掉落在一个正方形范围里?

　　③背包逻辑。背包能否展示新增物品? 角色是否可以使用背包中的物品?

　　具体的测试步骤,大家可以参照第1章最后一节。

　　运行游戏,开始测试你的第一款游戏的发布版本吧。

03

发布上线篇

第6章

发布移动版

以前，手机上的游戏很少，只有一些很简单的游戏，像《俄罗斯方块》《贪吃蛇》。当时，计算机游戏和网页游戏盛行，流传至今者仍不在少数，像《流星蝴蝶剑》《英雄联盟》，它们都堪称经典。废寝忘食的玩家们经常幻想着，如果有一天能躺在床上玩游戏，那该多好啊。现今，手机上的游戏丰富多样，睡觉前，许多人喜欢刷刷视频、玩玩游戏，今天这些不正是昨日的梦吗？日新月异的技术让人应接不暇，但总有人把握住了其中的机遇。朋友们，砥砺前行吧！

仰望星空最浪漫，脚踏实地最真实。下面我们一起来学习手机游戏的发布流程。一款手游的上线流程包括4个阶段，分别是游戏发布、游戏部署、测试优化和游戏上架，它们多而不杂，有章有序。本篇将以实现《小猪奇奇》的发布为主线，跑通一款手游的上线流程，一步一步地实践上述4个阶段。相信朋友们一定可以实践好每一步。

6.1 发布移动端

前文提到，Unity可以将制作好的游戏发布到PC端、网页端和移动端。但无论什么端，发布之前，Unity都需要切换发布平台。切换发布平台的意义在于，Unity将为游戏准备发布所需的支持库。需要说明的是，每个平台的支持库都不一样，比如安卓发布支持库是游戏运行于安卓系统必需的运行库，PC发布支持库是游戏运行于Windows系统必需的运行库。安卓发布支持库包含哪些组成部分呢？

安卓发布支持库包括3个组成部分，它们分别是JDK、SDK和NDK，三者缺一不可。相信本书的大多数读者都是Unity开发者，大家需要知道的是，Unity要发布一款安卓游戏，必须安装安卓发布支持库。另一个问题是，开发者需要自己安装安卓发布支持库的3个组成部分吗？答案是不需要，因为Unity已经为开发者准备好了，一键安装即可。

6.1.1 测试版本功能

打开Unity Hub，选择安装选项卡Installs，找到当前使用的Unity版本Unity 2019.4.36f1c1，单击Unity版本右侧的设置按钮，选择添加模块选项Add modules，如图6-1所示，弹出添加模块对话框Add modules。

图6-1　安装选项卡Installs

添加模块对话框Add modules包括两个列表，第1个是开发工具列表DEV TOOLS，第2个是平台列表 PLATFORMS，如图6-2所示。选择平台列表中的安卓发布支持库Android Build Support，单击Install按钮后，安装过程将自动开始。

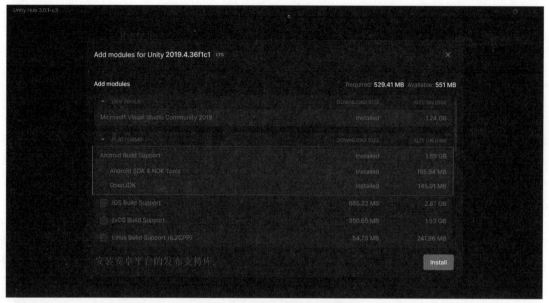

图6-2　选择安卓平台的发布支持库

等待一会儿后，安卓发布支持库安装完成，如图6-3所示。

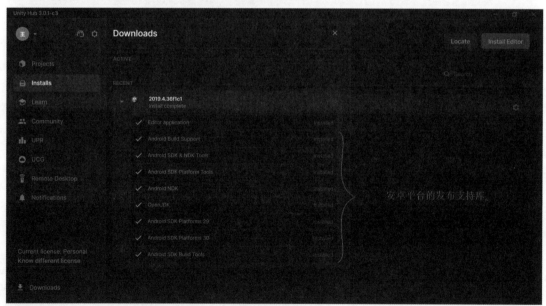

图6-3　安装完成

6.1.2　切换到安卓发布平台

回到Unity，打开发布设置面板Build Settings，选择安卓平台Platform>Android，单击Switch Platform按钮，如图6-4所示，切换过程自动开始。

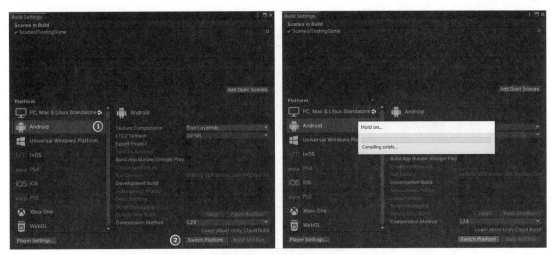

图6-4　切换到安卓平台

切换完成后，记得检查一下，安卓发布支持库的自动设置是否正确，如图6-5所示。

先依次选择菜单 Edit>Preferences>External Tools，打开外部工具参数 External Tools。然后，检查安卓发布支持库的3个支持包的目录指定是否有警告或者报错，如果既没有警告也没有报错，则安卓发布支持库的安装完全正确。关闭外部工具参数，回到发布设置面板。

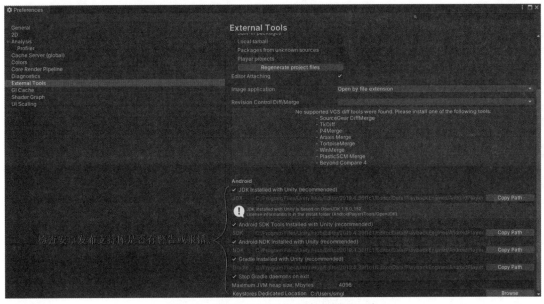

图6-5　检查安卓支持库的自动设置是否正确

6.1.3 发布设置

图6-6所示是发布设置的操作步骤。

01 依次选择File>Project Settings>Player Settings，打开玩家设置面板 Player Settings。

02 将公司名称Company Name设置为MetaXR，产品名称Product Name设置为tomajerry。大家可以自定义上述两个参数。

03 将游戏版本Version设置为1.0。

04 打开资源文件夹Resources，找到图片文件logo，将其指定给游戏图标Default Icon。

05 设置屏幕朝向为横屏模式Landscape Right。

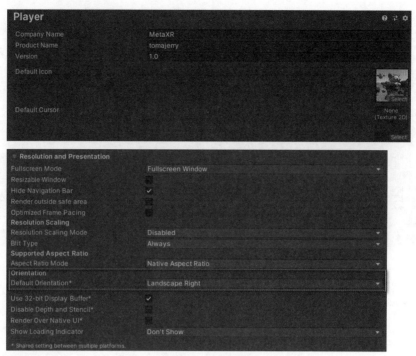

图6-6　发布设置

6.1.4　发布流程

在发布设置面板中，发布平台切换为安卓平台之后，Switch Platform 按钮自动变成了 Build 按钮。

01 单击 Build 按钮，系统自动打开一个资源管理窗口 Build Android，Build Android 窗口默认打开的是游戏工程的根目录 TomAJerry。

02 在根目录 TomAJerry 下，新建一个文件夹 TomAJerryAPK，作为游戏的发布目录。

03 打开发布目录，输入游戏名称 tomajerry，如图6-7所示。单击"保存"按钮，发布过程自动开始。

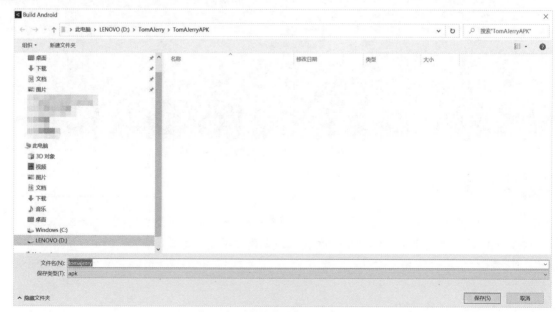

图6-7　资源管理窗口 Build Android

首次发布将耗费一些时间，如图6-8所示，请耐心等待。

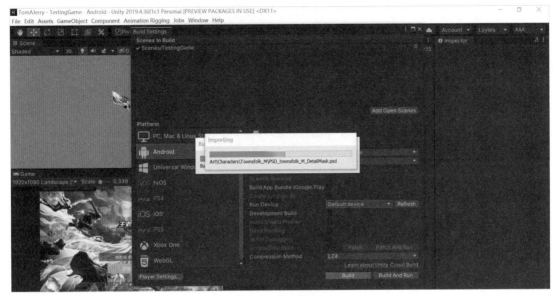

图6-8 游戏发布中

6.1.5 发布完成

发布完成以后，系统将自动打开发布目录。发布目录中多了一个文件tomajerry.apk。这就是《小猪奇奇》的安卓安装包，如图6-9所示。

图6-9 《小猪奇奇》的安卓安装包

大功告成，很顺利。接下来《小猪奇奇》终于可以部署到手机上了。

6.2 游戏部署

部署之前，先来想一下游戏部署需要哪些准备？

一款游戏要部署到安卓手机上，需要准备游戏安装包1个、手机1部、数据线1根。朋友们可能要问了，如果一直使用苹果手机，没有安卓手机怎么办？另外，大多数人都不太可能刚好有符合测试要求的、各种型号的安卓手机，这又怎么办？

大家不用慌，继续往下看。

小米云测平台是一家云测试服务平台，还提供远程手机租赁服务，如图6-10所示。一部手机可以免费使用一个小时，太棒了！一个小时用来部署一款游戏足够了。更方便的是，开发者能同时租赁多部手机，这极大地扩展了游戏的测试范围。测试范围的扩展主要体现在以下两点。

①兼容性测试。把游戏部署到不同版本的安卓系统上，可以测试出《小猪奇奇》适用的安卓版本范围。这里选择的版本范围是从安卓5.0到安卓12.0。

②性能测试。把游戏部署到硬件配置不同的手机上，可以测试出《小猪奇奇》的最低硬件配置。这里选择的硬件配置范围是从低配置的红米到高配置的小米12。

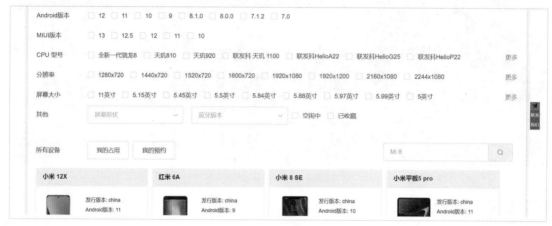

图6-10　小米云测平台

接下来用小米云测平台测试《小猪奇奇》。

6.2.1　选择安卓手机

01　登录小米云测平台，依次打开测试产品>租赁远程真机。平台有5个分类，分别是Android版本、MIUI版本、CPU型号、分辨率和屏幕大小，如图6-11所示。

图6-11　小米云测平台的5个分类

02　由于《小猪奇奇》的分辨率是1920×1080，因此先把分辨率设置为1920×1080，随之筛选出两款手机，它们分别是小米5和红米Note4X高通版，如图6-12所示。

图6-12　设定分辨率

03 选择小米5，单击"立即调试"按钮，小米5的虚拟机页面就打开了，如图6-13所示。

图6-13　小米5的虚拟机页面

6.2.2　安装游戏

01 单击上传按钮，打开资源管理窗口，打开《小猪奇奇》的发布目录TomAJerryAPK，选择安装包TomAJerry.apk，如图6-14所示。随后上传立即开始，如图6-15所示。

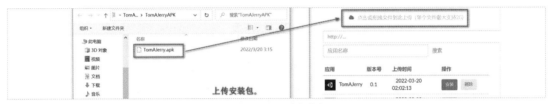

图6-14　上传安装包

图6-15　自动上传中

02 选中最新的安装包，单击"安装"按钮后，游戏将自动地安装到手机上，无须任何操作，如图6-16所示。

图6-16　游戏安装成功

6.2.3　运行游戏

　　小米5虚拟机打开了，在手机上点击应用TomAJerry，打开游戏，游戏的登录界面出现了。随后依次单击开始游戏按钮、抓捕按钮和背包按钮，如图6-17~图6-19所示，游戏的各个界面显示正常，各个功能也运行正常。

　　到这里，《小猪奇奇》的部署完成了。

图6-17　登录界面

图6-18　捕捉界面

图6-19　背包界面

第7章

测试与完善

没有需求就没有市场。游戏测试服务平台能成为一个如此专业的平台，服务于数百万开发者，这说明游戏测试是游戏开发中不可或缺的组成部分。

梅花香自苦寒来。唯有经历过严格测试的游戏，才能称得上是一款合格的游戏。游戏测试的主要内容包括两个部分：功能测试和性能测试。这两个部分刚好对应游戏测试的目的，即完善游戏和优化性能，本章将专注于完善游戏功能和优化游戏资源。

7.1 完善游戏功能

本节将深入完善《小猪奇奇》的游戏功能，最终输出一个符合游戏上线标准的新版本。

7.1.1 界面最终版

《小猪奇奇》的3个界面分别是登录界面、主城界面和背包界面。尽管《小猪奇奇》是一款教程游戏，但其游戏品质必须达到及格线，要符合一款游戏上线的标准。因此下面要选择一款同类型的游戏，作为其上线的及格线参照。《小猪奇奇》是一款漫画风格、开放世界类型的RPG游戏。符合漫画风格又是开放世界类型的RPG游戏，知名手游《原神》算是一款符合要求的作品，因此选择《原神》来做游戏上线的及格线参照。

1.登录界面

游戏界面的制作步骤依次是：第一，向Unity中导入图片；第二，创建游戏界面所需要的各种UI组件；第三，把游戏界面的UI组件指定给脚本。

（1）导入图片

打开Unity，在工程面板中，新建一个文件夹Textures>Login。右击文件夹Login，选择导入新资源选项Import New Asset，Unity将自动打开一个资源管理窗口。在资源管理窗口中，选择登录界面所需要的图片，单击Import按钮，图片将自动导入工程，如图7-1所示。

当Unity的自动导入过程结束之后，回到Unity，打开文件夹Textures>Login，选中刚刚导入的所有图片，在它们的监视器面板Inspector中，设置图片类型Texture Type为Sprite(2D and UI)，设置安卓平台的图片压缩格式Format为RGBA 32 bit，如图7-2所示。单击Apply按钮，图片格式的设置就完成了。

图片素材截取自《原神》登录界面的截图。

图7-1 导入图片

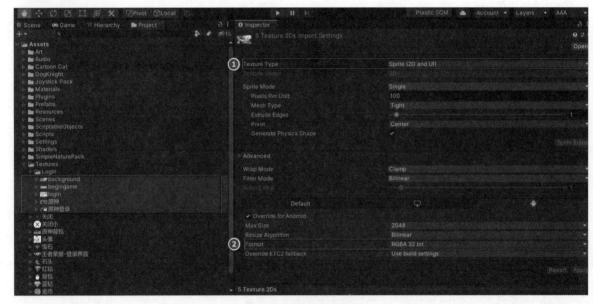

图7-2 设置图片的格式

至此，图片导入成功。

（2）创建 UI 组件

游戏登录界面包括4个UI组件：背景图片、游戏名称、登录面板和开始游戏按钮。UI组件的创建过程，此处不再赘述。

下面需要介绍的是制作UI组件的两个小技巧，第1个是使用参考图制作UI组件，第2个是颜色拾取。

◆ 技巧1

在工作中，UI设计师提供给开发者的图片包括一张设计图和若干张拆解图。例如，登录界面设计完成之后，UI设计师提供的一张设计图是完整的登录图，提供的若干张拆解图分别是背景图片、登录面板和开始按钮等。此时，开发者必须把登录图和拆解图都导入Unity，再依据登录图把拆解图拼起来。拼接完成之后，把登录图删除，最终输出的是一个和登录图一模一样的登录界面。

《小猪奇奇》登录界面的制作参照了《原神》的登录图，如图7-3所示。登录界面的4个UI组件分别为背景图片、游戏名称、登录窗口、开始游戏按钮，它们的制作是以参照图上的UI组件为原形，按照1:1的比例来完成的。

图7-3　使用参照图制作UI组件

◆ 技巧2

细致观察不难发现，图中小猪奇奇的字体颜色和参照图上原神的字体颜色不一样，小猪奇奇的字体颜色太白了。可是如此细微的差别，开发者只依靠眼睛来调整，往往很难保证两者的颜色数据相同。别担心，行之有效的办法有很多，比如跟UI设计师要一个颜色数值，或者使用颜色拾取功能。使用频率最高的方法是颜色拾取。颜色拾取是指开发者使用小猪奇奇文本上的颜色拾取器，先把原神文本的字体颜色拾取出来，再赋值给小猪奇奇文本。赋值以后，两者的颜色数值将完全相同，字体颜色也将一模一样，如图7-4所示。

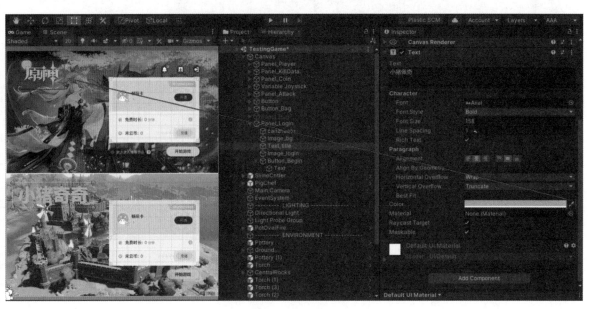

图7-4　颜色拾取

运行游戏，图7-5所示是登录界面的最终版。

图7-5　登录界面最终版

2. 主城界面

《小猪奇奇》的主城界面包括4个组成部分，它们分别是角色信息条、摇杆控制、组合按钮和背包，如图7-6所示。这里选择《原神》的主城界面做参照图，参照图上的主城界面包括4个组成部分，它们分别是角色信息条、摇杆控制、组合按钮和设置面板。除此之外，参照图上的主城界面还包括一个小地图。

图7-6　游戏主城界面对比图

（1）导入图片

《原神》主城界面的UI组件的导入过程与制作《小猪奇奇》登录界面时图片的导入过程一样，这里不再赘述。下面为游戏导入1张参照图、5张按钮图片、1张角色头像和1张角色背景条图，如图7-7所示。

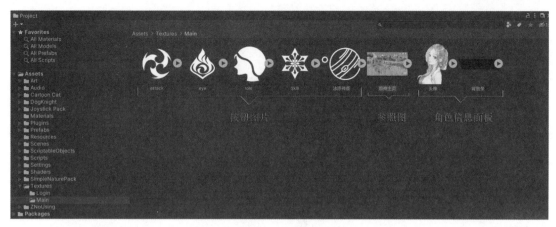

图7-7　导入图片

（2）创建 UI 组件

《小猪奇奇》主城界面的 UI 组件的调整过程此处不再赘述。图7-8所示是调整前后的对比图。由图可知，本次主要调整的是 UI 组件的位置和尺寸。需要注意的调整有3处，第1处是删除捕捉统计面板；第2处是隐藏金币界面；第3处是删除退出按钮。

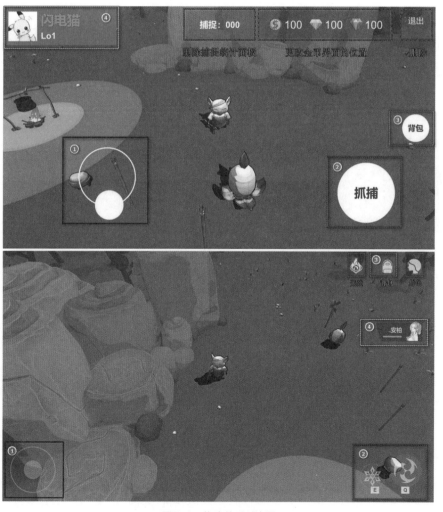

图7-8　修改前后对比图

现在，《小猪奇奇》的主城界面包括4个组成部分，它们分别是摇杆面板Variable Joystick、角色面板Panel_Player、控制面板Panel_Input和用户面板Panel_topright。

回到Unity，《小猪奇奇》的主城界面如图7-9所示。

图7-9　新的主城界面

《小猪奇奇》的主城界面简洁美观，如图7-10所示。

图7-10　效果图对比

运行游戏，新主城界面的各个功能和旧主城界面的一样，小猪奇奇在自由地行走，它可以攻击敌人、捡起物品、打开背包，如图7-11所示。太棒了，《小猪奇奇》的主城界面替换成功。

图7-11　功能正常

3. 背包界面

《小猪奇奇》的背包界面包括3个组成部分，它们分别是物品分类、物品列表和物品信息窗口。第2章已经按照《原神》的背包界面制作了《小猪奇奇》的背包界面，第4章又实现了背包功能，因此《小猪奇奇》的背包界面和背包功能都比较完整。

这里需要调整的只有两处：第1处是添加物品的分类图标；第2处是优化物品的信息窗口。背包界面的调整和登录界面的调整一样，不再赘述。

调整后的背包界面包括3个部分：第1个是顶部的物品分类；第2个是中部的物品列表和物品信息窗口；第3个是底部的删除物品按钮和金币面板，如图7-12所示。

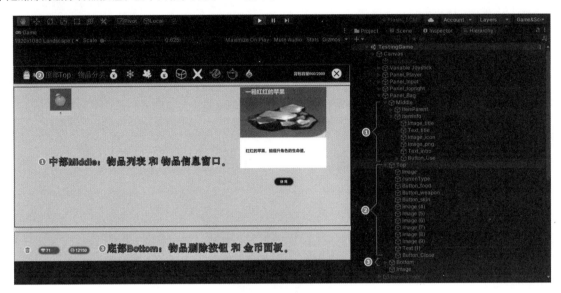

图 7-12　调整后的背包界面

至此，《小猪奇奇》UI界面的完善工作完成了。目前，如果只从UI界面的角度来评判，《小猪奇奇》算是一款符合游戏上线标准的作品了。但是，如果从游戏整体的角度来评判，《小猪奇奇》还没有及格，原因是它的游戏逻辑尚未完善好。

7.1.2　金币系统逻辑最终版

下面将完善《小猪奇奇》的剩余逻辑功能。目前游戏的剩余逻辑功能只有金币系统了，所以接下来将专注于实现游戏的金币系统，让玩家在捕获敌人角色的同时获得奖励。

最早，《猫捉老鼠》的计分规则是：猫捉到1只1级老鼠，可获得1个金币；捉到1只2级老鼠，可获得1个蓝钻；猫捉到1只3级老鼠，可获得1个红钻。

现在，《小猪奇奇》将继续使用《猫捉老鼠》的计分规则。由于游戏的角色变了，同时游戏的货币只剩下金币和蓝钻，所以《小猪奇奇》的计分规则相较《猫捉老鼠》略有不同，具体如下。

①当小猪奇奇击败1只蜗牛，可获得1个金币。

②当小猪奇奇击败1朵食人花，可获得1个蓝钻。

《小猪奇奇》的计分规则很清晰，要如何实现呢？先梳理一下金币系统的实践路线。如图7-13所示，金币系统的实践以敌人角色的死亡事件为主线，以金币数据为核心数据。下面先来创建金币数据文件。

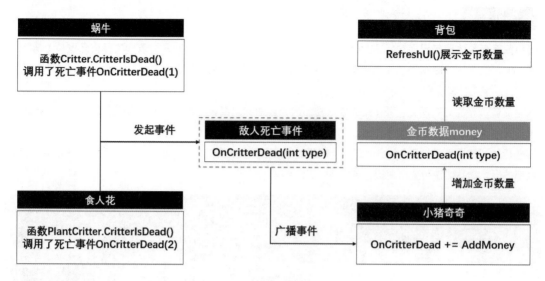

图7-13　金币系统的实践路线

1.金币数据文件

游戏的金币系统包含两种货币：金币和蓝钻，所以金币数据文件只需要包含两个字段。

回到Unity，先创建金币的数据脚本MoneySO，代码如下所示。

```
using System.Collections;
using System.Collections.Generic;
using UnityEngine;
/// <summary>
/// 金币数据
/// </summary>
[CreateAssetMenu(fileName = "Bag", menuName = "Bag/MoneySO")]
public class MoneySO : ScriptableObject
{
    [SerializeField]
    private int _coin;
    [SerializeField]
    private int _diamond;
    [SerializeField]
    public int Coin //金币
    {
        get { return _coin; }
        set { _coin = value; }
    }
    [SerializeField]
    public int Diamond //蓝钻
    {
        get { return _diamond; }
        set { _diamond = value; }
    }
}
```

金币数据脚本有了，现在创建一个金币数据文件Money。

右击文件夹ScriptableObjects，依次选择Create>Bag>MoneySO，创建金币数据文件，将其重命名为Money，如图7-14所示。

图7-14　金币数据文件

2.获得金币和蓝钻

依据金币系统的实践路线图，敌人死亡是串联整个金币系统的核心事件，因此先创建敌人死亡事件。打开事件机制脚本EventManager，定义敌人的死亡事件CritterDead，声明死亡事件的调用函数OnCritterDead(int type)，如下所示。

```
/// <summary>
/// 敌人死亡事件
/// </summary>
/// <param name="type">敌人种类(1:蜗牛；2:食人花)</param>
public delegate void CritterDead(int type);
public event CritterDead critterDeadEvent;
/// <summary>
/// 敌人死亡事件的调用函数
/// </summary>
/// <param name="type"></param>
public void OnCritterDead(int type)
{
    if (critterDeadEvent != null)
    {
        critterDeadEvent(type);
    }
}
```

回头再看金币系统的实践路线图，敌人的死亡事件涉及了3个脚本。第1个是蜗牛的控制脚本Critter，第2个是食人花的控制脚本PlantCritter，与蜗牛的控制脚本Critter基本一致，此处不再赘述。由于死亡事件是由蜗牛和食人花发起的，因此需要在这两个脚本中添加角色死亡事件的调用代码。第3个是小猪奇奇的控制脚本Pig，这个脚本需要监听角色的死亡事件，并在收到角色死亡事件之后，增加相应的金币数量。

蜗牛的控制脚本Critter的修改部分如下所示。

```
/// <summary>
/// 被攻击函数：当蜗牛被攻击1次时，蜗牛的生命值减少damage
/// </summary>
/// <param name="damage">伤害值</param>
void ReceiveAnAttack(int damage)
{
    //1.用蜗牛的数据文件中配置的生命值
    critterSO.MaxHealth -= damage;

    if (critterSO.MaxHealth < 0)
    {
        IsDead = true;
        EventManager.Instance.OnCritterDead(1);// 角色的生命值小于 0，即死亡时，调用
角色死亡事件函数OnCritterDead()
        CritterIsDeath();
    }
}
```

食人花的控制脚本PlanetCritter的修改部分，如下所示。

```
/// <summary>
/// 被攻击函数：当食人花被攻击1次时，食人花的生命值减少damage
/// </summary>
/// <param name="damage">伤害值</param>
private void ReceiveAnAttack(int damge)
{
    currentHealth -= damge;
    if (currentHealth < 0)
    {
        isDead = true;
        EventManager.Instance.OnCritterDead(2);// 角色生命值currentHealth小于0，即
角色死亡时，调用角色死亡事件函数
        CritterIsDeath();
    }
}
```

小猪奇奇的控制脚本Pig有两个部分要修改：第1个是为角色死亡事件注册响应函数；第2个是实现事件的响应函数AddMoney()，修改后的代码如下所示。

```
//玩家的金币数据
public MoneySO pigMoney=default;
void Awake()
{
    //代码启动时，开始监听物品使用事件，事件发生时执行响应函数ReceiveAnItem()
    EventManager.Instance.useItemEvent += ReceiveAnItem;
    //代码启动时，开始监听敌人死亡事件，并且敌人死亡时执行响应函数AddMoney()
    EventManager.Instance.critterDeadEvent += AddMoney;
}
void OnDestroy()
{
    //代码销毁后，不再监听物品使用事件
    EventManager.Instance.useItemEvent -= ReceiveAnItem;
```

```
        //代码销毁后，不再监听敌人死亡事件
        EventManager.Instance.critterDeadEvent -= AddMoney;
    }
    /// <summary>
    /// 增加金币
    /// </summary>
    /// <param name="type">类型</param>
    public void AddMoney(int type)
    {
        //如果是蜗牛，金币加1
        pigMoney.Coin += type == 1 ? 1 : 0;
        //如果是食人花，蓝钻加1
        pigMoney.Diamond += type == 1 ? 0 : 1;
    }
```

在上述代码中，函数AddMoney()实现了金币数量和蓝钻数量的增加。至此，当敌人角色被游戏主角击败时，游戏主角的金币数量会因为击败一只蜗牛而加1，蓝钻数量会因为击败一个食人花而加1。

这里小猪奇奇的控制脚本Pig引用了金币数据文件，所以需要在Unity中为脚本Pig的金币数据变量Pig Money指定金币数据文件Money。图7-15所示是脚本Pig的变量指定过程。

图7-15　为脚本Pig指定金币数据文件Money

好了，金币数值变化的逻辑终于实现了。

3.查看金币

现在，金币和蓝钻的数量能真实变化了。回顾金币系统的实践路线，只有在背包中查看金币的功能还没有实现，下面来实现它。

背包每次被打开的时候，背包的控制脚本BagController将执行刷新函数RefreshUI()来刷新背包数据，背包打开立即刷新的目的是让玩家看到最新的物品列表。现在希望在每次打开背包的时候，立即刷新金币面板的数据，让玩家能看到最新的金币数据。只需要把金币数据的刷新逻辑放到初始化函数Init()和刷新函数RefreshUI()中，即可实现金币数据的刷新功能。

打开脚本BagController，除了修改函数Init()和RefreshUI()之外，还需要定义3个变量：第1个是金币数量文本，用于显示金币的数量；第2个是蓝钻数量文本，用于显示蓝钻的数量；第3个是金币数据变量，用于引用金币数据文件。所以，脚本BagController将添加的逻辑是，函数Init()读取金币数据文件中的金币数量和蓝钻数量，并将其分别赋值给金币数量文本和蓝钻数量文本。

脚本BagController代码新增的变量如下所示。

```
/// <summary>
/// 金币数据文件
/// </summary>
public MoneySO pigMoney=default;
//金币数量文本
public Text coin;
//蓝钻数量文本
public Text diamond;
```

经修改，初始化函数Init()的代码如下所示。

```
/// <summary>
/// 初始化背包物品
/// </summary>
void Init()
{
    //背包管理脚本先获取到背包物品列表
    BagManager.Instance.InitData();
    // 背包管理脚本中的物品列表赋值给当前控制脚本中的物品列表
    //ItemList = BagManager.Instance.bagdate;
    //判断物品列表是否为空，若为空，则打印日志并不再继续执行
    if (bagSO.BagItems == null)
    {
        Debug.Log("Item is null");
        return;
    }
    int j = 0;
    //遍历背包物品列表
    foreach (DropItem item in bagSO.BagItems)
    {
        //若取出的物品的类型是皮肤，则继续执行，背包将展示皮肤类的物品
        if (item.ItemType == BagItemType.skin)
        {
            //实例化一个物品图标
            GameObject obj = Instantiate<GameObject>(ItemPrefab);
            //放到物品父物体下
            obj.transform.SetParent(ItemParent);
            //依据j排列物品图标，意思是把物品排列成水平等间距的一排
            obj.transform.localPosition = new Vector3(-690 + j * 140, 340, 0);
            //初始化物品UI上的两个信息：物品图标和物品数量
            obj.GetComponent<ItemController>().Init(item);
            j++;
        }
    }
    j = 0;
    //把金币数据文件中的金币数量赋值给金币数量文本
    coin.text = pigMoney.Coin.ToString();
    //把金币数据文件中的蓝钻数量赋值给蓝钻数量文本
```

```
    diamond.text = pigMoney.Diamond.ToString();
}
```

需要说明的是，和初始化函数Init()中的修改一样，刷新函数RefreshUI()的全部代码都没有被改动，只在函数的最后添加了两行代码，把金币数据文件中的金币数量和蓝钻数量分别赋值给金币数据文本和蓝钻数据文本，如下所示。

```
//把金币数据文件中的金币数量，赋值给金币数量文本
coin.text = pigMoney.Coin.ToString();
//把金币数据文件中的蓝钻数量，赋值给蓝钻数量文本
diamond.text = pigMoney.Diamond.ToString();
```

好了，金币系统的代码部分实现了。

下面为控制脚本BagController的新变量指定引用物体。第一，把金币数据文件Money指定给金币数据变量Pig Money。第二，把场景中的金币数据物体num指定给金币数据变量Coin。第三，把结构面板中的蓝钻数据物体num指定给蓝钻数据变量Diamond。

图7-16所示是为控制脚本BagController的新变量指定物体的过程。

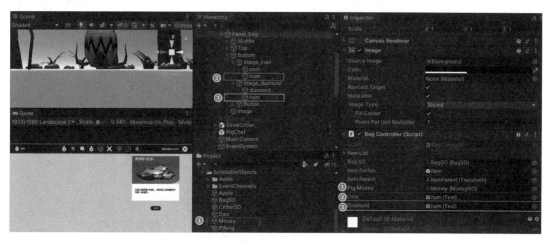

图7-16　为脚本的新变量指定物体

运行游戏，看看效果。

金币面板显示正确，金币功能实践成功，如图7-17所示。

图7-17　运行成功

到这里，《小猪奇奇》的全部功能都实现了。恭喜，因为你的坚持，迎来了胜利的曙光。

7.2 资源优化——清理冗余资源

2016年，笔者在蓝港游戏参与制作了一款RPG类型的手游——《王者之剑》。当时，游戏制作人要求游戏安装包的大小必须小于120MB，游戏的安装包越小，下载游戏的过程越流畅。

近几年，热更新方案成了"香饽饽"。在新版本更新的时候，为了让玩家不必下载新版本,游戏开发者们绞尽脑汁、煞费心思，终于想到了一种不需要下载新版本也能体验新版本内容的方案。时至今日，热更新技术已经是手游开发者的必备技能了。究其根本，热更新是游戏资源的动态更新。

当智能手机的覆盖范围逐渐扩大时，手机游戏的覆盖人群也越来越多元化。不知不觉，手机游戏已然成了大众玩家非常喜爱的游戏方式之一，其中一个很重要的原因是，手机游戏的资源比较少。

资源优化是一款游戏上线前的必做工作。

冗余资源对游戏开发而言是一种空间浪费，它使游戏安装包平白地变大了。所以，一款游戏上线之前，我们必须清理游戏的冗余资源。想要一个干净的游戏安装包，开发者必须遵循资源优化的步骤，手动清理。

清理之前，开发者需要先知道冗余资源的清理步骤。图7-18所示是一张图片的清理路线图，它展示了在Unity中的冗余资源的清理路线。

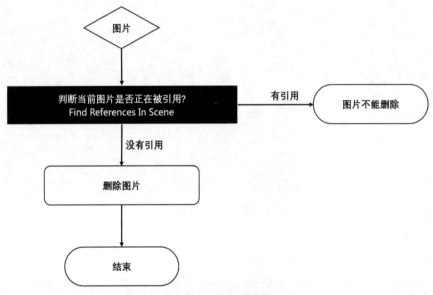

图7-18　一张图片的清理路线图

接下来清理《小猪奇奇》的冗余资源，包括图片、模型和脚本。

7.2.1 清理冗余图片

回到Unity，清理《小猪奇奇》中的冗余图片资源。《小猪奇奇》的图片全部存放在文件夹Textures中，图片资源的清理工作将在文件夹Textures中进行。

打开文件夹Textures>Login，选中图片background，右击选择查找在场景中的引用选项Find References In Scene。来到结构面板，搜索框中自动出现了一行搜索指令"ref:Assets/Textures/Login/background.jpg"，如图7-19所示。结构面板中的搜索结果为空，这说明图片background没有被游戏场景中的任何物体引用，是一张没有被使用的图片，可以删除。

图7-19　查找引用

回到文件夹Textures>Login，删除图片 background。

对于文件夹Textures 中的所有图片，如图7-20所示。重复上述操作，完成冗余图片的清理。

图7-20　冗余图片清理

7.2.2　清理冗余模型

《小猪奇奇》是从《猫捉老鼠》升级过来的，当时升级游戏的其中一个目的是，替换角色模型和游戏场景，让游戏有更高级的美术效果。升级游戏时，为游戏换上了新的角色模型和漫画场景，但是并没有删除之前的角色模型和游戏场景，如卡通猫和卡通老鼠。现在，卡通猫和卡通老鼠在游戏中没有被使用，变成了冗余资源。

下面清理《小猪奇奇》的冗余模型。冗余模型不仅包括模型，还包括与模型有依赖关系的贴图和动画，需要一并清理。因此清理冗余模型的时候，要先找出它的依赖资源。

查找模型的依赖资源的步骤如图7-21所示。

01 右击模型cat_Eat，选择选出依赖选项Select Dependencies。其中，模型cat_Eat的依赖资源有两个，分别是材质球cat和角色贴图Texture。

02 同时选中模型cat_Eat和它的两个依赖资源，右击其中任意1个资源，选择选出依赖选项Select Dependencies，进一步找出这三者的依赖资源。

03 同时选中模型cat_Eat以及它的所有依赖资源，删除即可。

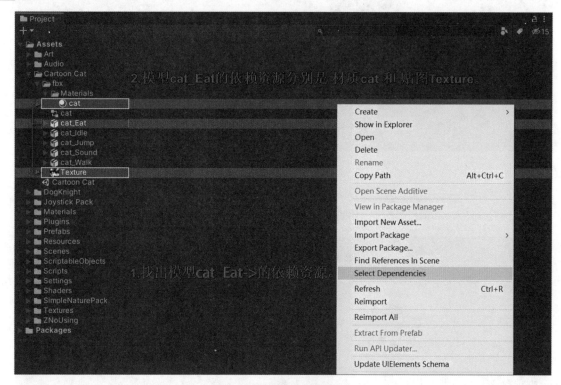

图7-21　查找模型的依赖资源

如果按照这个路线清理，只是查找模型cat_Eat的依赖资源是不够的，还要查找模型cat_Eat被谁依赖，谁会依赖模型cat_Eat呢？图片或脚本？

继续清理之前，非常有必要说明一下，依赖关系是什么。

依赖关系其实很简单：汽车没有汽油不能跑，汽车依赖汽油，汽油被汽车依赖。

言归游戏，依赖关系是指一个主体和它的附属品之间的附属关系。具体是说，一个主体不能独立存在，必须和它的附属品一起存在。例如，一个角色模型小猪奇奇需要有贴图、材质和动画，才能正常显示。也就是说，角色模型的正常存在依赖于贴图、材质球和动画的存在。这种情况下，我们称小猪奇奇是贴图、材质球和动画的主体，而贴图、材质球和动画是小猪奇奇的依赖物或附属品。

回到主线任务，继续清理冗余模型。

前文提到，谁会依赖模型cat_Eat呢？这个问题换个问法是，谁离了模型cat_Eat不行？

一款游戏中，物体可以分为两类：第1类是主体物体，它们必须依赖其他物体存在；第2类是依赖物体，它们可以独立存在，不需要依赖其他物体。

图片、材质球、脚本和数据文件等都是能够独立存在的物体，这些物体属于依赖物体，不需要查找它们的依赖资源。模型、预制体等是主体物体，必须依赖其他物体而存在，需要查找它们的依赖资源。

所以，谁会依赖模型cat_Eat呢？答案是预制体。

回到Unity，打开预制体文件夹Prefabs，找到一个角色的预制体cat_Idle并右击，选择选出依赖选项Select

Dependencies，文件夹Cartoon Cat里的物体被选出，这些物体都是预制体的依赖物体，其中包括模型cat_Eat，如图7-22所示。

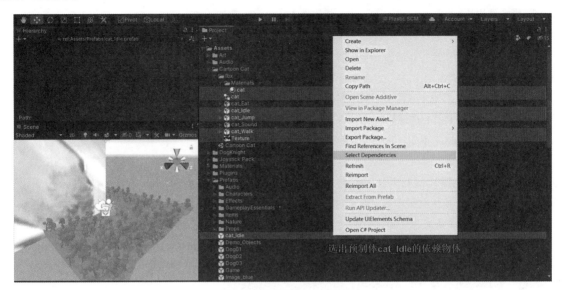

图7-22　预制体的依赖物体

到这里，找到了依赖模型cat_Eat的物体是预制体cat_Idle，删除模型cat_Eat之后，预制体将无法正常使用，所以要删除预制体cat_Idle。

一个模型删除后，一方面，它的依赖物体没有必要存在于游戏中，所以有必要删除它们，否则它们会变成无用的冗余资源。需要说明的是，如果不删除它们，游戏不会报错。另一方面，依赖这个模型的预制体因为缺少这个模型将无法正常使用，所以必须删除这个预制体。需要指出的是，如果不删除这个预制体，游戏会报出一个错误：预制体缺少引用模型。总之，要删除一个模型，它的依赖物体有必要删除，依赖它的预制体必须被删除。完成这3个步骤，这个模型才能被成功地删除。

综上所述，揭示一个清理冗余资源的小技巧：以游戏预制体为入口点，清理冗余资源的工作将事半功倍，且条理清晰，不易报错。到这里，冗余模型的清理就讲清楚了。

图7-23所示是游戏中被清理的冗余模型的目录。

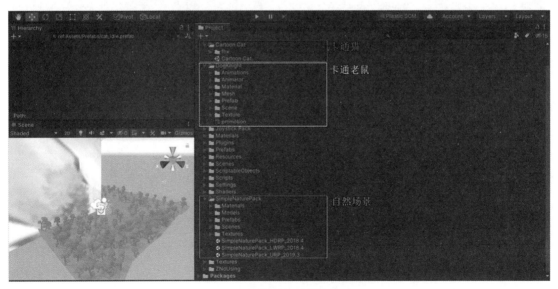

图7-23　被清理的冗余模型的目录

7.2.3 清理冗余脚本和冗余代码

尽管脚本是依赖物体，但它也可以不依赖任何物体，独立地存在于游戏工程之中。一个脚本包含的是变量和函数，变量和函数组成的是逻辑。所以下面的重点不是清理依赖关系，而是清理冗余逻辑。

冗余脚本是指一个完全可以被另一个脚本代替或者包含的脚本。实际上，清理冗余脚本是优化开发框架会涉及的工作。

冗余代码是指一个脚本中有两份相同的逻辑代码，其中一份是没有必要存在的代码。从直观上理解，清理冗余代码是让开发者合并具有相同逻辑的代码。清除冗余代码不止于此，它实际上是一种优化代码的工作。

《小猪奇奇》的脚本有很多，它们以文件夹的形式分类存储在文件夹Scripts中。

《小猪奇奇》的逻辑脚本共有5类，如图7-24所示。下面依次研究这5类脚本，清理冗余脚本的工作将从这里开始。其中，有两类脚本无须清理，它们分别是状态机的所有脚本和数据文件的所有脚本，因此需要清理的只剩下3类，另外加上UI框架类脚本。下面针对这些脚本进行清理，总体来看，需要注意的只有两个文件夹，第1个是文件夹Bag，第2个是文件夹UIFrame。

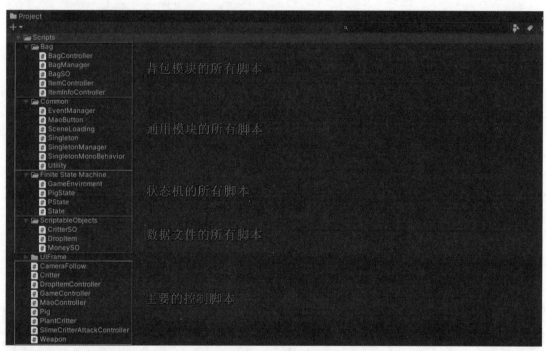

图7-24　脚本的分类目录

1.背包模块的所有脚本

背包的控制脚本BagController实现了背包的核心逻辑，背包数据文件BagSO存储了背包的物品列表，控制脚本BagController会直接读取背包数据文件BagSO里的物品数据，以实现背包的所有功能。背包管理脚本BagManager没有实现任何有价值的逻辑。

背包管理脚本BagManager原本用于实现背包逻辑和读取背包数据，但是这两部分工作全被背包控制脚本取代了，导致它没有被利用起来。不过，随着游戏规模的扩大，脚本BagManager迟早会被用起来。所以尽管背包管理脚本BagManager是一个冗余脚本，但是我们还是要继续保留它。

打开脚本BagController，如图7-25所示。

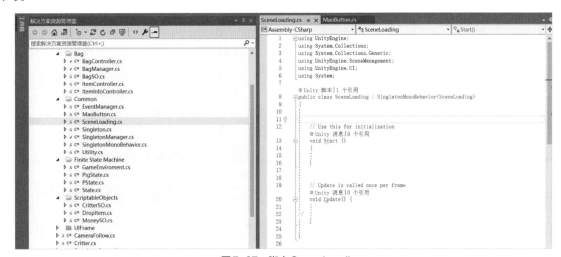

图7-25　冗余代码

图7-25中红框框起来的代码是脚本BagManager的引用代码。尽管被引用了，但是脚本BagManager并没有被真正使用，所以它是一行冗余代码，删除即可。

2.通用模块的所有脚本

在文件夹Common中一共有7个脚本，依次打开脚本进行冗余检查，最终发现的冗余脚本有两个，分别是脚本MaoButton和脚本SceneLoading。

（1）脚本MaoButton

脚本MaoButton被引用0次且内部无逻辑代码，显然它是一个冗余脚本，如图7-26所示，删除即可。

图7-26　脚本MaoButton

（2）脚本SceneLoading

脚本SceneLoading没有被其他脚本调用且脚本中无逻辑代码，所以它是冗余脚本，如图7-27所示，删除即可。

图7-27　脚本SceneLoading

3. UI框架脚本

文件夹UIFrame中有3个脚本，分别是脚本LoginPageCtr、脚本UIHallPage和脚本UIPanel，如图7-28所示。这3个脚本均为无引用且无代码的冗余脚本。

图7-28　脚本在场景中无引用

4. 主要的控制脚本

在文件夹Scripts下，没用文件夹分类的是控制脚本，如图7-29所示。控制脚本中的冗余脚本有两个，分别是脚本MaoController和脚本GameController。

脚本MaoController是游戏升级前的一个捕捉玩法的控制脚本，尽管现在没有被使用，但是依然有保留价值。因此不删除脚本MaoController，删除脚本GameController。

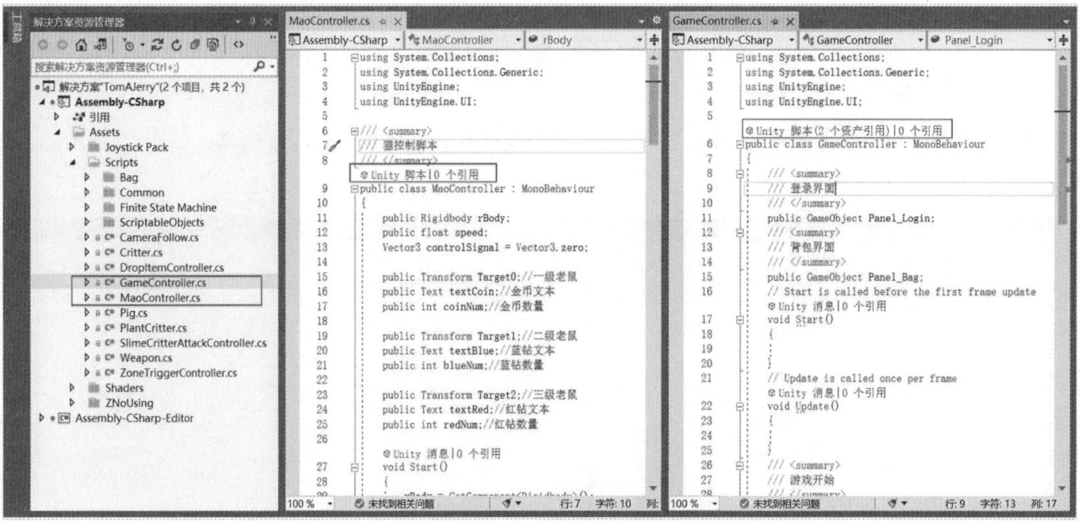

图7-29　冗余的控制脚本

对于冗余脚本，我们清理了90%，保留了10%。

《小猪奇奇》的全部功能实现了，资源优化工作也完成了。至此，无论从功能的角度，还是从资源优化的角度，《小猪奇奇》都能称得上是一款符合上线标准的游戏了。

现在，实战之旅将到达最后一站——游戏上线！

第8章

游戏上线

俗话说，上线是一款游戏的最终章。

从最初的想法到最终的实现，游戏团队经历了无数个奋斗的夜晚，也经历了思想的碰撞。无论是蕴含有趣设计的玩法，还是一字一句的故事，抑或是一帧一帧的角色动画，这一切的付出都是为了游戏上线。

守得云开见月明。等到游戏上线，一款游戏才能给予玩家一段美好的欢愉时光。坚持到游戏上线，开发者们才有春暖花开的日子。本章将把《小猪奇奇》上架到小米应用商店，希望它能受到玩家们的喜爱。

8.1　游戏上架

目前中国有很多应用市场，但不杂乱，比较著名的有5家，它们分别是百度游戏中心、腾讯应用宝、360开放平台、小米开放平台和华为游戏中心。本小节的目的是上架游戏，不是对比它们的优劣，所以不必选出一个最厉害的。重要的是，它们的游戏上架流程几乎是一样的，如图8-1所示。

图8-1　游戏上架流程

小米开放平台的选择比较个人化，原因是笔者的测试手机是一款小米手机，用小米开放平台上架手游方便与笔者测试手机上的运行结果对比。

8.1.1　注册账号

在小米开放平台的官网注册一个账号，并完成实名认证，如图8-2所示。

图8-2　注册账号

8.1.2 创建游戏

打开管理控制台，选择应用游戏选项，如图8-3所示，进入应用游戏界面。

图8-3 管理控制台

应用游戏界面中有两个创建按钮，分别是"创建游戏"按钮和"创建应用"按钮，如图8-4所示，单击"创建应用"按钮。

图8-4 应用游戏界面

创建应用面板中，把应用名称设置为小猪奇奇，应用包名设置为com.MetaXR.tomajerry，单击"创建"按钮，如图8-5所示。这里需要介绍的是应用包名。

图8-5 创建应用

对应用包名，小米开放平台给出的介绍是：小米应用商店按照符合Android标准的原则进行设计，使用包名（Package Name）作为应用的唯一标识。即包名必须唯一，一个包名代表一个应用，不允许两个应用使用同样的包名。包名主要用于系统识别应用，几乎不会被最终用户看到。

还记得Unity的发布设置面板中的应用包名吗？这两个地方的应用包名必须一致，否则游戏无法上传。需要注意的是，应用商店不允许应用名称重复。为了避免重名，游戏包名的形式要复杂一些，比如"com.公司名.游戏名"，包含了公司名和游戏名，一款游戏的应用包名就很难重名了。另外，游戏商店不允许开发商修改应用包名，一旦应用包名被修改，这款应用将不再是之前的应用了，而是变成了另一款应用。

8.1.3 完善资料

（1）安装包信息

游戏APK包的上传方式有2种：第1种是单包上传，单包必须同时支持32位和64位操作系统；第2种是双包上传，上传时需要分别上传32位和64位的安装包。这里选择"单包上传"，把发布目录下的游戏安装包TomAJerry上传，如图8-6所示。

图8-6　上传游戏

（2）发布设置

兼容设备选择"手机"，一级分类选择"VR"，二级分类选择"游戏-动作"，上线时间方式设置为"审核通过后立即上线"，如图8-7所示。

图8-7　发布设置

（3）本地化语言信息设置

本地化语言信息包括两个部分：基础信息和图形信息。需要说明的选项是，基础信息中的应用图标和应用截图。

应用图标：一定要确保上传的图标和Unity中的默认图标Default Icon一样，如图8-8所示；尺寸要求512×512。

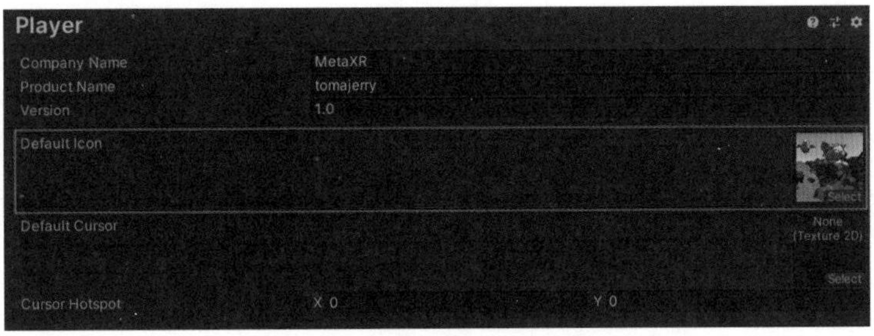

图8-8　默认图标Default Icon

应用截图：《小猪奇奇》是横版手游，因此应用截图选择横屏，如图8-9所示；尺寸要求1920×1080。

图8-9　本地化语言信息设置

本地化语言信息的其余选项相对简单一些，这里就不做介绍了。

游戏资料填写完成后，记得单击"保存"按钮。

（4）提交审核

保存完成后，单击"提交审核"按钮，出现提交审核成功界面，表示提交成功，如图8-10所示。

图8-10　提交审核成功界面

《小猪奇奇》正在等待应用商店的审核。至此，大功告成。

8.2 大功告成

《小猪奇奇》成了一款合格的手游，如图8-11～图8-13所示。

图8-11　登录界面

起初的星火，已成燎原之势。

图8-12　主城界面

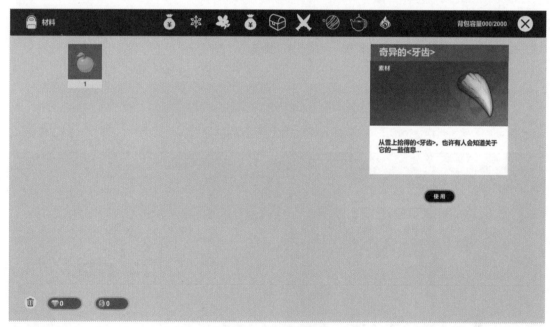

图8-13　背包界面

起初的你，已经成了一名专业的手游开发者。

每一个句号都是起点，每一次实践都是开始。如果本书能让大家在实践的路上走得更顺畅一些，笔者将欣喜万分。如果本书能让大家对自身技术更有自信，对研究手游案例更热爱，那么笔者将更有动力推出更多更好的案例。

学习的路上，没有再见，只有相聚甚欢！蓦然回首，我们都在山花烂漫处！

至此，本书完。